深海魚ってどんな魚
――驚きの形態から生態、利用――

尼岡邦夫

はじめに

　2009年、わたくしは『深海魚―暗黒街のモンスターたち―』という本を出版しました。
　そしてそれをきっかけに、各地の小・中学校の理科特別授業などで、深海魚の話をするようになりました。どの学校へ行っても、生徒たちは深海魚に興味いっぱいでした。
　ただ、前の本は少し専門的な内容だったため、子どもが読むにはむずかしかったようです。そこで、子どもから大人まで広く楽しんでもらえる、やさしい深海魚の本を書くことにしました。それがこの本です。

　わたくしの授業はいつも、「深海は何メートルからですか？」という質問から始まります。みなさんは「なんとなく、1000メートルくらいかな」といいます。しかし、実際は200メートルからです。そのように説明すると、思っていたより浅いとおどろきます。ではどうして水深200メートルからを深海とするのか、わかりますか？

　この本では、まず、「深海はなぜ200メートルからなのか」「深海はどんなところなのか」といった、ワクワクするような深海の世界の話や、深海魚の採集、標本作製、研究の様子を紹介します。それから深海魚があのような姿かたちになった理由、どのようにエサをつかまえ、どのように身を守り、どのように子孫を残しているのかといった、深海魚たちの楽しい話を、たくさんの写真とともに紹介していきます。最後の章では、わたくしたちが食べている深海魚も登場します。
　この本で、深海にすむたくさんのモンスターたちにふれてみてください。

　きみのお気に入りの深海魚は見つかるかな？

もくじ

はじめに　002
本書の見方　006

第1章 なぞだらけの深海魚

- 01　深海魚ってどんな魚？　010
- 02　深海ってどこにあるの？　011
- 03　なぜ深海にすんでいるの？　012
- 04　どうして深海で生活できるの？　012
- 05　いちばん深いところにすんでいる深海魚は？　013
- 06　もし浅いところに連れていったらどうなるの？　014
- 07　深海魚はどうやってつかまえるの？　015
- 08　深海魚の研究室を探検しよう！　018

第2章 深海魚の食事のマナーは？

- 01　体を光らせてエサを集める！　023
- 02　どうやって光るの？　036
- 03　何をどうやって食べているの？　040
- 04　どうやってエサを見つけるの？　057

第3章 深海魚はどうやって身を守っているの?

- 01 光で体を消す　078
- 02 墨や発光液でおどろかせる　084
- 03 電気を出す　088
- 04 かたいヨロイをつける　090
- 05 目立たなくする　092

第4章 深海魚はどうやって子どもを残すの?

- 01 奇妙なオスとメスの関係　105
- 02 どうやって仲間を見分けるの?　112
- 03 光で合図するオスとメス　149
- 04 オスより強そうなメス　152
- 05 性転換(オス→メス)と雌雄同体(オス+メス)　153
- 06 子どものままで大人になる　155
- 07 卵と子ども　156
- 08 ソロとデュエット　158

第5章 おもしろい深海魚

- 01 変な形の深海魚　162
- 02 こわい顔とかわいい顔　167

第6章 深海魚のふしぎな生活

- 01 コンニャク魚とヨロイ武者　176
- 02 天女と鬼と悪魔　179
- 03 四足歩行と四指歩行　泳ぎは得意じゃないよ　180
- 04 仙人と釣り人　182
- 05 三脚魚とショベル魚　184
- 06 リボンとデカ鼻とクジラ　186
- 07 足長おじさんとヒゲ長おじさん　188

コラム
学名で血縁関係がわかる!?　191
ハダカイワシ科40種の学名一覧表

第7章 ぼくたちの身近にいる深海魚

- 01 深海魚に会いにいこう　194
- 02 おすし屋さんで注文してみよう　198
- 03 高級食材の深海魚?　200
- 04 スーパーで売っている深海魚を探してみよう　202
- 05 名物「深海魚」料理を食べにいこう　205

コラム
魚食民族、日本人　208

あとがき　209
謝辞　210
参考にした文献　211
索引　217

本書の見方

　本書では、深海魚がもつ特徴的な機能や生態ごとに全7章に分け、各章につき数種の深海魚を写真つきで紹介しています。1種でいろいろな機能を備えている場合はいくつかの章に登場しますが、くわしい解説は1カ所に記述し、そのほかの章では小さい写真と、解説のあるページを案内しています。

　解説には専門用語やむずかしい漢字が多く使われていますので、「用語の説明」と「測定の方法と数え方」をよく読んでください。

　図や写真の出典は、基本的に巻末のさくいんにまとめています。個人的なものはそれぞれの図・写真の下か横に（　）で表示しています。

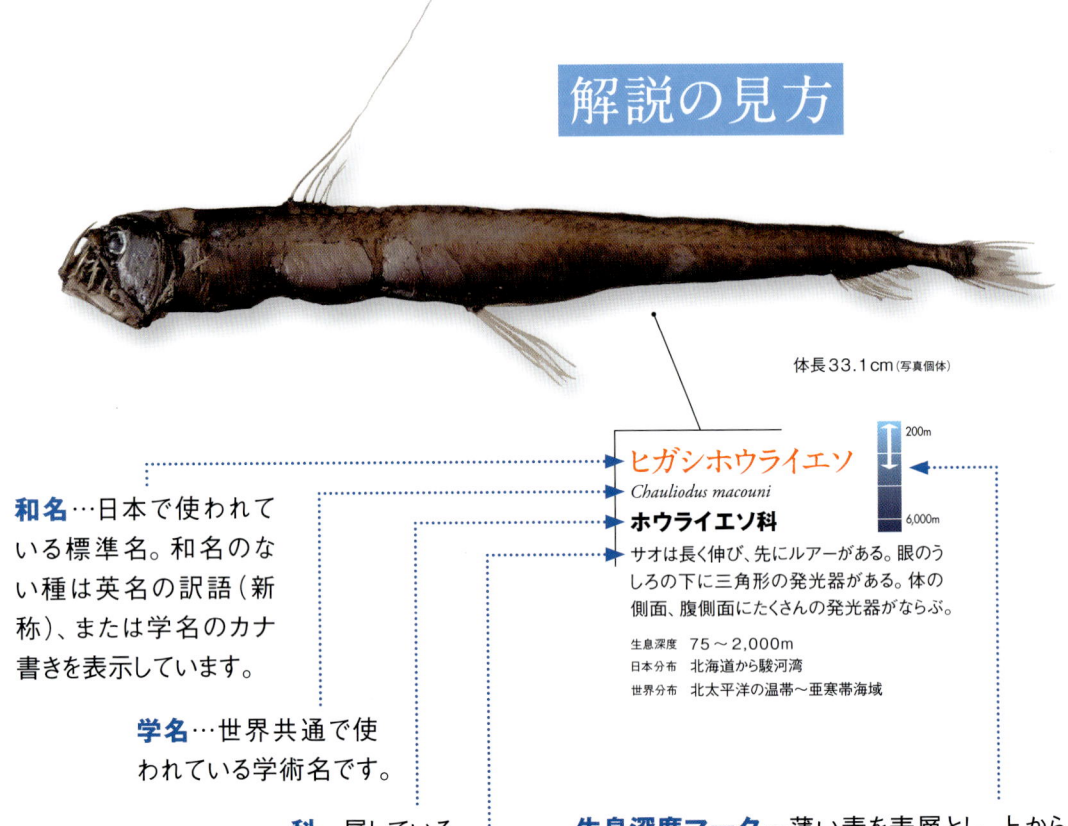

解説の見方

体長33.1cm（写真個体）

ヒガシホウライエソ
Chauliodus macouni
ホウライエソ科
サオは長く伸び、先にルアーがある。眼のうしろの下に三角形の発光器がある。体の側面、腹側面にたくさんの発光器がならぶ。

生息深度　75〜2,000m
日本分布　北海道から駿河湾
世界分布　北太平洋の温帯〜亜寒帯海域

和名…日本で使われている標準名。和名のない種は英名の訳語（新称）、または学名のカナ書きを表示しています。

学名…世界共通で使われている学術名です。

科…属しているグループ名です。

解説…体の特徴、生息深度、分布域。一部の種では、生態的な情報や利用方法（展示や食べ方など）も加えました。生息深度は文献や漁獲記録などから引用しましたが、厳密な数値ではありません。体の大きさは写真個体のものです。基本的には体長で示し、尾鰭のつけ根がはっきりしない種は全長で示しています。

生息深度マーク…薄い青を表層とし、上から目もりごとに中深層（200〜1,000m）、漸深層（1,000〜3,000m）、深海層（3,000〜6,000m）、超深海層（6,000m以深）までを表しています。矢印の範囲はおよその生息域です。同じ深さでも、海底や海底付近に生息するものと、さらに深いところにある海底までの間を遊泳して生息するものがいますが、ここではそのちがいについては明確に表していません。くわしくは解説を見てください。

用語の説明

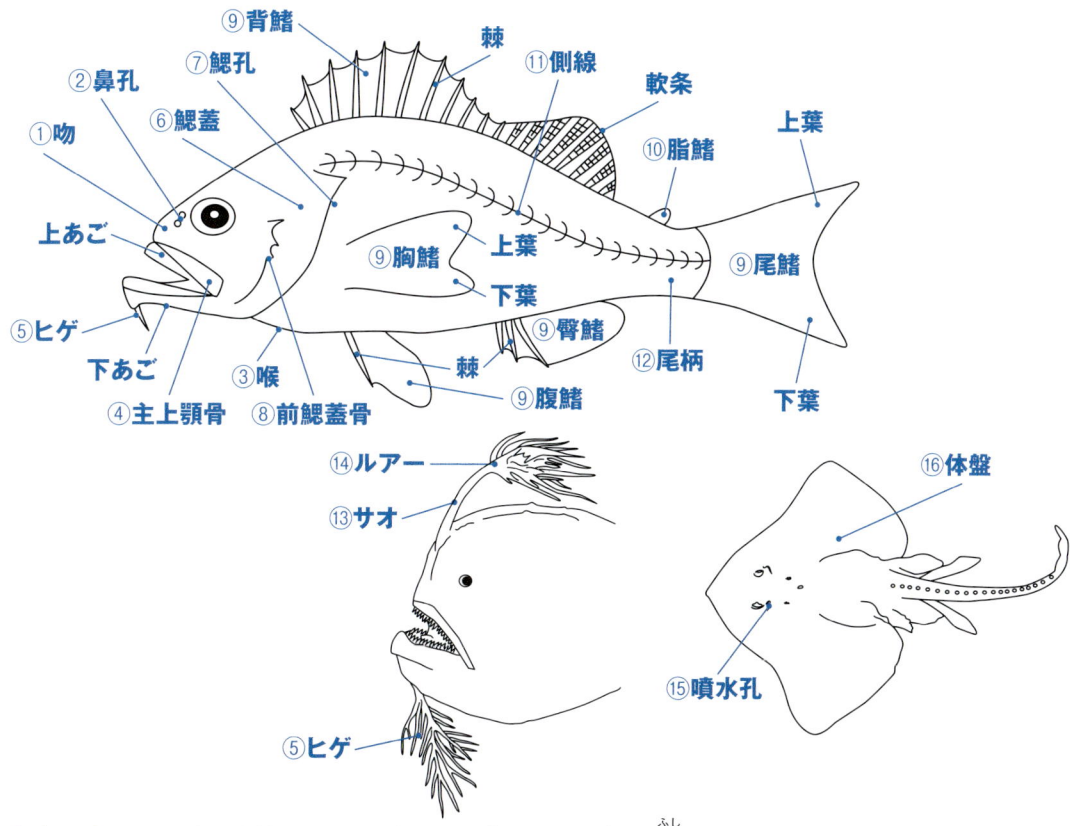

吻（ふん）…上あごの前端から眼の前縁までの部分。①

鼻孔（びこう）…鼻の穴。ふつう片側に前鼻孔と後鼻孔がある。②

喉（のど）…胸鰭の基底の下部より前の部分。③

主上顎骨（しゅじょうがくこつ）…上あごの上、またはうしろにある骨。④

ヒゲ…下あごにはえる。深海魚はヒゲのある種が多い。⑤

鰓蓋（さいがい・えらぶた）…頭の後縁の部分。⑥

鰓孔（さいこう）…口から入った水を出すところ。⑦

前鰓蓋骨（ぜんさいがいこつ）…鰓孔の前のほうにある、骨が盛りあがったところ。トゲが出ていることが多い。⑧

鰭（ひれ）…おもに運動器官。対をなして体の両側につく胸鰭と腹鰭、対をなさない背鰭、臀鰭および尾鰭がある。背鰭と臀鰭は2〜3つに分かれるとき、前から第1背鰭（臀鰭）、第2、第3とよぶ。⑨

棘（きょく）…鰭を支える骨質のトゲで、とてもかたく、ささると痛い。

軟条（なんじょう）…鰭にあるやわらかい骨質のスジで、小さな節があり、ふつう先端で分かれる。

上葉（じょうよう）…尾鰭と胸鰭の上の部分。

下葉（かよう）…尾鰭と胸鰭の下の部分。

脂鰭（あぶらびれ）…背鰭のうしろにあり、棘や軟条がない膜状の鰭。一部の魚にみられる。⑩

側線（そくせん）…感覚器官。体の両側を線状に走り、エサ、仲間、敵などが出す水流、水圧の変化を感知する。位置、数は種によってちがう。⑪

尾柄（びへい）…臀鰭の終わりから尾鰭のつけ根までの部分。⑫

サオ…背鰭の1番目の鰭条が変化したもの。先端にルアーがつく。イリシウム（誘引突起）ともよばれる。⑬

ルアー…発光してエサになる魚を集めたり、発光物を出して敵をおどろかせて追い払ったりする。エスカ（疑似餌）ともよばれる。⑭

噴水孔（ふんすいこう）…サメやエイ類の眼のうしろにある小孔で、補助的な呼吸をする孔。⑮

体盤（たいばん）…エイ類やアカグツ類のように、頭が平たく尾部が細長い魚の頭の部分を体盤とよぶことがある。⑯

鰓（えら）…呼吸器官。鰓蓋の内側にあり、外から見えない。
腹吸盤（ふくきゅうばん）…左右の腹鰭が膜でつながってできた吸盤。クサウオ類に見られる。
尾部（びぶ）…肛門よりもうしろの部分。
鰾（うきぶくろ）…浮力を調節する器官。中の空気量で体の比重を調節する。呼吸、発音、聴覚などに使う種もいる。
基底（きてい）・**基底部**（きていぶ）…鰭の最初から最後までの棘または軟条のつけ根部分。

始部（しぶ）…鰭が始まるところ。
突起（とっき）…とびだしたもの。
仔魚（しぎょ）…孵化してからすべての鰭の鰭条（棘と軟条）がはえそろうまでの子どもの魚。
成魚（せいぎょ）…大人になった魚。
擬態（ぎたい）…体全体または体の一部をほかの生物やほかのものに似せて、だますこと。
液浸標本（えきしんひょうほん）…アルコールやホルマリンなどの液で保存された標本。

測定の方法と数え方

全長…体の最前端から尾鰭の後端までの長さ。
体長…吻端から尾鰭を支える骨の後端（尾鰭のつけ根）までの長さ。
頭長（とうちょう）…上あごの前端から鰓孔の後縁までの長さ。
体高（たいこう）…体のもっとも高いところの高さ。
基底長（きていちょう）…鰭のつけ根部分で、第1鰭条から最後の鰭条までの長さ。

側線（有孔）鱗数（そくせんりんすう）…側線の上にある鱗の数。ふつう、鰓孔の上端から尾鰭の基底まで間の、感覚管が通っている孔があいた鱗（有孔）を数える。
縦列鱗数（じゅうれつりんすう）…側線のない種の場合に、側線鱗数と同じように鰓孔の上端から尾鰭の基底までの間の鱗を数える。

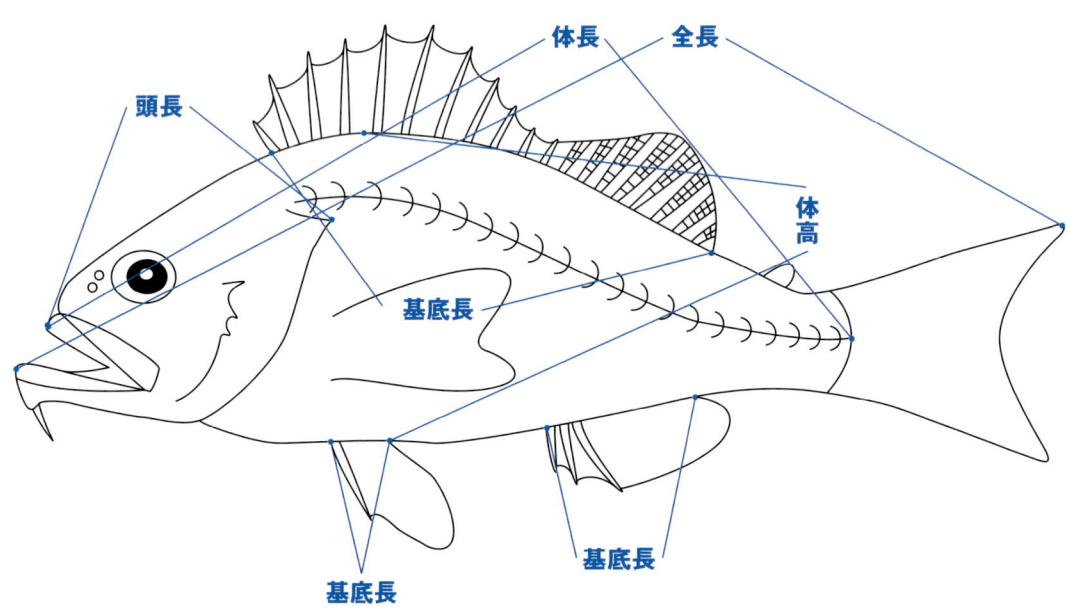

第 1 章
なぞだらけの
深海魚

01 深海魚ってどんな魚？

　深海は、海の深いところ。足がとどかないのはもちろん、わたしたちは潜（もぐ）ることもできません。それどころか、太陽の光もとどかない真っ暗やみ。水圧が高く、水が冷たく、エサがとても少ない、すみにくいところです。この深海にすんでいる魚は、魚屋さんや水族館で見かけるものとはちがい、ヘンな形をしていたり、奇妙（きみょう）な習性をもっていたりします。さて、どんな魚がいるでしょうか。

第1章

02 深海ってどこにあるの？

　海のいちばん深いところはマリアナ海溝のチャレンジャー海淵というところで、10,920メートルの深さがあります。地球でいちばん高いエベレスト山は8,848メートルですが、それよりも深いです。

　みなさんは「深海」はどのくらいの深さからか知っていますか？

　正解は、水深200メートルです。考えていたよりも浅いと思ったのではないでしょうか。では、なぜ200メートルからなのか、わかりますか？　それは太陽の光がとどくのが、海面から200メートルの深さまでだからです。

　海岸から沖に向かっていくと海はだんだんと深くなります。その傾斜を大陸棚といいます。水深200メートルぐらいからは大陸斜面といって急な斜面になり、これが水深3,000メートルまでつづきます。そこから6,000メートルぐらいまではふたたびゆるやかな傾斜の深海底になりますが、ところどころに割れ目やくぼみがあり、深いところでは10,000メートルを超えるところもあります。そこが超深海底です。

　海も深さごとに区分けされ、名前がつけられています。200メートルまでは表層、そこから深いところが深海です。1,000メートルまでは中深層、そこから3,000メートルまでは漸深層、3,000〜6,000メートルは深海層です。さらに深くなると超深海層になります。

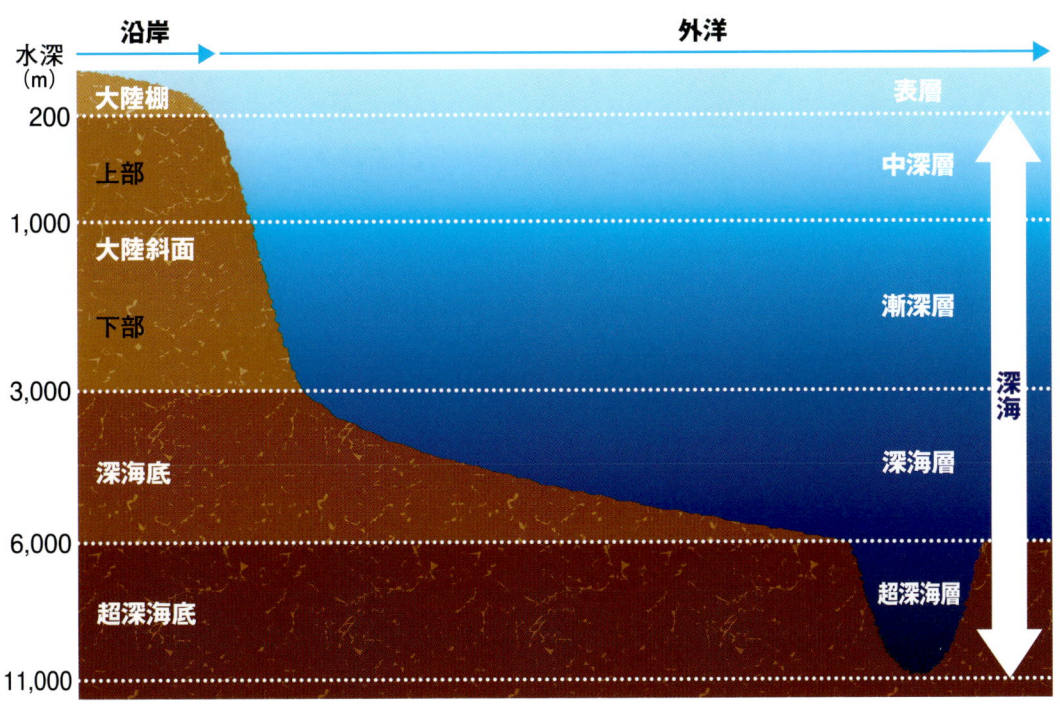

図1　海洋の分け方と名称

03 なぜ深海にすんでいるの?

みなさんは、「深海」にどのようなイメージをもちましたか? 暗くて、寒くて、水圧が高くて、エサが少ないところ。あまりすみ心地がよさそうではありませんよね?

でも、そのかわりに敵が少なく、生存競争はそれほど激しくはありません。活発に運動しなければエネルギーの消費をおさえることができ、エサが少なくても生活ができます。

彼らは食うか食われるかの激しい競争が嫌で、深海でのゆっくりとした環境に適応して生活することを選んだのかもしれません。しかし深海で生活していくのはかんたんなことではありません。生物が生きていくためには食べること、敵から自分を守ること、子どもを残すことが必要です。そのためにたくさんのおもしろい工夫をしています。

04 どうして深海で生活できるの?

図2 通常サイズのカップラーメン(左)とちぢんだカップラーメン(右)

深海は水圧が高い、つまり、つねに強い圧力がかかっています。そこではどんなことが起こるのでしょうか。たとえば、上の写真を見てください。

これは何でしょう?

そう、おなじみの「カップラーメン」です。左右の2つのカップラーメンの大きさが、どうしてこんなにちがうのかわかりますか?

ミニチュア? いえいえ、ちがいます。

これは、どちらもスーパーで売っているふつうのカップラーメンですが、1つがある事情によって小さくなってしまいました。

じつは、小さいほうは水深5,700メートルの深海にもっていき、変形したものです。そう、これが「水圧」の力です。

深海では、カップラーメンがこんなに小さくなるほどの圧力がかかっているのです。

浅いところにすんでいた魚が一気に深海へ行くと、このカップラーメンのように体がつぶれてしまいます。そこで、彼らは長い年月をかけて少しずつ少しずつ体をならし、体を改良して、すむところを深海にうつしていったといわれています。体の水分を増やして、体をブヨブヨにすることで水圧に耐えられるようになったものもいます。

05 いちばん深いところにすんでいる深海魚は？

　今までに発見されたなかで、もっとも深いところからとれた深海魚は、ヨミノアシロです。超深海のプエルトリコ海溝の8,370メートルでとれました。アシロ科の魚で、眼がほとんどなくなっています。

　2番目はシュウドリパリス アンブリストモプシスです。日本海溝の7,579メートルと千島～カムチャッカ海溝の7,230メートルでとれています。クサウオ科の魚で、体はブヨブヨしています。

No.1 ヨミノアシロ（8,370m）

No.2 シュウドリパリス アンブリストモプシス（7,579m）

図3　超深海でとれた深海魚：ヨミノアシロ（Nielsen氏提供）／シュウドリパリス アンブリストモプシス（Jamieson氏提供）

06 もし浅いところに連れていったらどうなるの？

　浅いところにすんでいる魚が一気に深海に移動したら、体がつぶれてしまうというお話をしました。では、深海にすんでいる魚を一気に浅いところまで引きあげるとどうなるでしょう？
　体がふくらんで、大きな魚になる？
　残念ながら、そううまくはいきません。網にかかって引きあげられた深海魚は、目玉が出て、胃袋がひっくり返って口の中からとびだし、鰾が膨張しておなかがパンパンにふくれます（図4）。水圧が急激に下がるためです。
　このようすがそのままよび名になった深海魚もいます。オオサガという深海魚には、「メヌケ」という別名がついていますが、深海から引きあげられたときに目玉がとびだすことから、「目が抜ける」が変化してこうよばれるようになりました。

図4　A 眼がとびだしたヒレグロメヌケ
　　　B 胃袋がとびだしたヨロイダラ（遠藤広光氏提供）

　深海魚を飼育している水族館では、採集したときにまず鰾の空気を注射器で抜いて、おなかがパンパンにならないようにし、圧力を下げるカプセル（減圧器）に入れて陸上の圧力にならします。それから水槽に移して飼育しています（図5）。

図5　減圧器（海洋博公園・沖縄美ら海水族館提供）

07 深海魚はどうやってつかまえるの？

　深海を調べるには深海艇を使います。いわゆる潜水艦をイメージしてください。これには、人が乗らない無人艇と人が乗って操縦する有人艇があります。無人のばあいには、カメラで撮った映像を地上で見ることができます。有人のばあいは、研究者が乗船して、じかに海のようすを見ます。深海艇には深海生物をつかまえるための装置があり、深海魚を容器の中にすいこんだり、特殊な網で生きたままとらえることができます。

　日本には海洋研究開発機構（JAMSTEC）の有人潜水調査船「しんかい6500」があります。3名（パイロット2名と研究者1名）が乗船して水深6,500メートルまで潜ることができる、世界に誇る深海艇です。この「しんかい6500」（図6A）と、2004年まで運用された「しんかい2000」では、ナガヅエエソが腹鰭と尾鰭を使って海底に立ち、胸鰭を広げてエサを待っている生態の観察と撮影に成功しています（P.16図7A　しんかい2000で撮影）。

　無人潜水艇で有名なのは、アメリカモントレー水族館研究所やウッドホール海洋研究所のROVです（図6B）。この2つのROVは最近それぞれ新しい発見をしました。モントレーのROVはカリフォルニア沖の水深616～770メートルで上向きの眼を使ってエサを探しているデメニギスをビデオで撮影し、生きたままとらえたり（P.16図8）、ウッドホールのROVは北太平洋の水深5,000メートルで、逆さになって泳ぎながらルアーでエサを集めているモグラアンコウ類を撮影しました（P.16図7B）。

　このように、生きた姿や行動を研究するためには深海艇はとても役立ちます。

図6　A 深海艇 しんかい6500（海洋研究開発機構提供）
B ROV（モントレー水族館提供）

図7 深海艇で撮影された深海魚：A 海底でエサを待つナガヅエエソ（海洋研究開発機構提供）／B 逆さで泳ぐモグラアンコウ類（Moore 氏提供）

図8 泳いでいるデメニギス。緑色の眼の向きに注目：A 水平に泳いでいるとき／B 下向きに泳いでいるとき（モントレー水族館提供）

　現在、わたしたちが知っているほとんどの深海魚は、トロール網でとられています（右図）。トロール網には長いロープがついていて、それを沈めて海底や中層をひきます。このようにしてとられた深海魚は、引きあげられたときにはほとんど死んでいます。生きた姿を観察することはできません。

　しかし採集した魚を標本にして保存しておけば、いつでも手にとって調べることができます。深海魚のなかには数が少なく、1〜数尾しか知られていない種がたくさんいるので、個体変異や成長のようす、オスとメスのちがいなどを研究するために標本をたくさん集めておくことがとても大切なのです。

【トロール網での魚のとり方】

① 網をひく

② 網をあげる

③ 船にとりこむ

④ 網から漁獲物をとりだす

【仕分けと標本作製作業】

① 採集された魚を地点ごとに分類群別に仕分けする

② 冷凍して持ち帰った魚を解凍し、水洗いする

③ 種ごとに分ける

④ 標本番号を与える

08 深海魚の研究室を探検しよう！

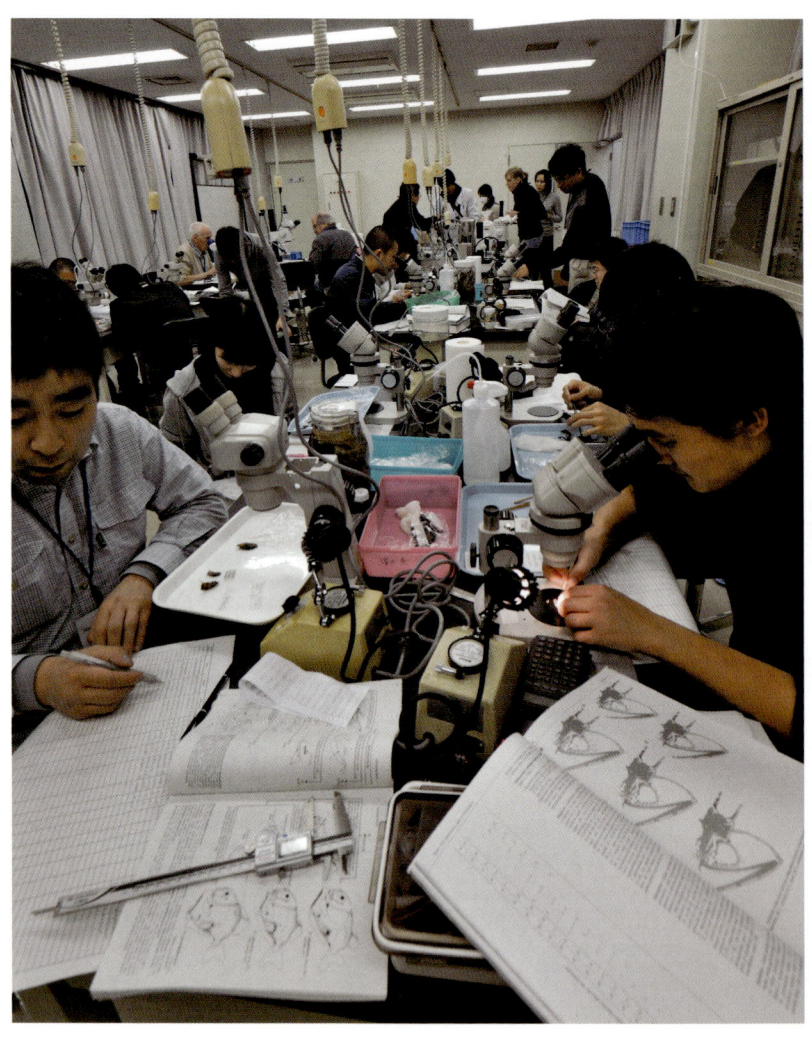

　採集された深海魚は、まずとれた地点や分類群ごとに分けられます。その後、冷凍やアルコール漬けで保存され、研究室に運ばれます。

　研究者は、いろいろな種の標本が入った容器から、同じ仲間や種ごとに分けていきます。冷凍された魚は解凍し、アルコール漬けの魚は水で洗って写真を撮ります。そのひとつひとつに、または同じ網でとれた同じ種のいくつかの個体に、1つの番号をつけます（P.20図10）。そして番号ごとに採集した場所、水深、日時などのデータと一緒にコンピュータに登録し、アルコールに漬けて保存します。ときにはDNA分析するために、体の一部の筋肉を切りとって保存することもあります。標本は分類群ごとに整理されて、研究のためにいつでも取りだせるようにしています（P.21図11）。

　標本の整理が終わると、名前を調べます。世界中から深海魚の本や研究論文を集め、

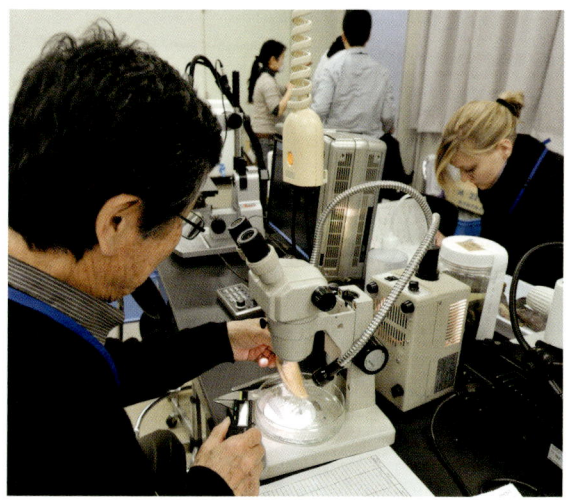

図9 深海魚の分類を勉強する会（国立科学博物館にて）

　それでもわからないときにはほかの研究室から標本を借りて、直接くらべて調べます。解剖したり、染めて調べることもあります（P.21図12）。
　このように、名前を探すことを「同定する」といいます。今までに発見された魚と特徴がちがっていれば、新種の発見です。その種に名前（学名）をつけ、特徴を細かく記述し、魚をスケッチして学会誌などに報告します。学名はラテン語（またはラテン語化した用語）です。日本でとれたものであれば日本語の名前（和名）もつけます。
　深海は広くて深く、まだ調査されていないところも多いため、毎年たくさんの新種が報告されています。これからもまだまだたくさんの新種が発見されるでしょう。もしも深海魚に興味があり、研究したいのであれば、ぜひ大学を目指してください。日本には深海魚を勉強できる大学や博物館がたくさんあります。

第1章

【登録番号が与えられた深海魚】

図10 標本に与えられた登録番号：A「HUMZ」は世界から公認された北海道大学総合博物館に登録された魚類標本の略号／B「NSMT」は世界から公認された国立科学博物館に登録された魚類標本の略号／C 複数個体に1登録番号が与えられた例

【標本になった深海魚】

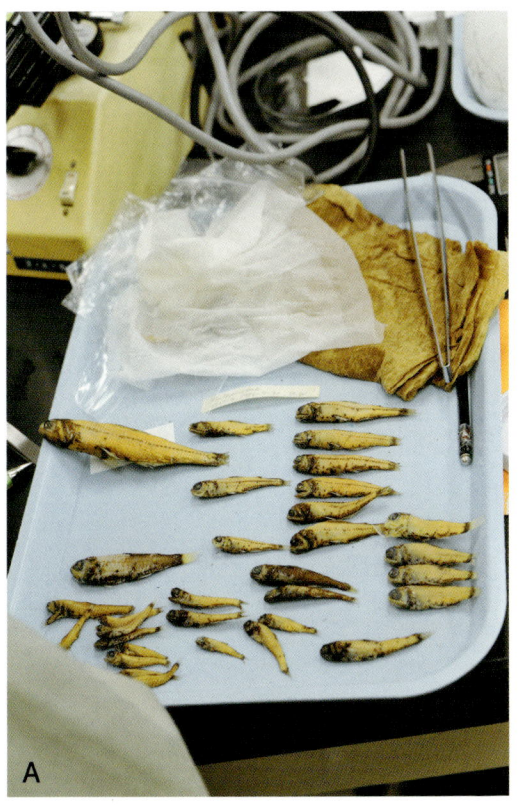

図11　A 標本びんから取りだしたハダカイワシ類／B 標本びんに保存されている深海魚

【透明標本を作製して調べる】

図12　骨格を調べるために染色した透明標本：A アンコウ／B ハリゴチ

第2章
深海魚の
食事のマナーは？

深海魚は少ないエサを確実につかまえるために、
いろいろな工夫をしています。
さて、どんな工夫があるのでしょうか？

01 体を光らせてエサを集める！

（1）鰭の軟条の先のルアーが光る！

ホウライエソ類やチョウチンアンコウ類は背鰭の1番目の軟条の先に発光器（ルアー）をもっています。この軟条は、ほかの軟条からはなれて頭の上に移動し、自由に動かせるサオのようになります。頭の上からチョウチンをぶら下げているような姿です。これを、懐中電灯のように光らせ、エサを集めます。ミツクリエナガチョウチンアンコウは、ルアーでハダカイワシ類やサクラエビを集めて食べていることがわかりました。

アンドンモグラアンコウなどのモグラアンコウの仲間は、背泳ぎでルアーをぶら下げて底に近づけ、エサを集めている姿が観察されています（P.16図7B）。

ホテイエソ類のムチホシエソやミツイホシエソなどは胸鰭の1番目の軟条の先に発光器をもっていて、これでエサを集めます。指先が光って、おいでおいでとさそっているように見えます（P.24図15・16）。

図13 ルアーの様子：A チョウチンアンコウ／B オニアンコウ類の一種（A 仲谷一宏氏・阿部拓三氏提供）

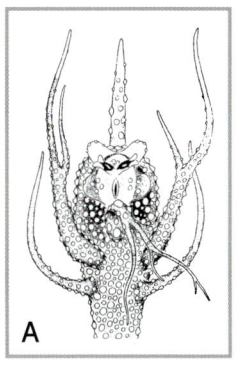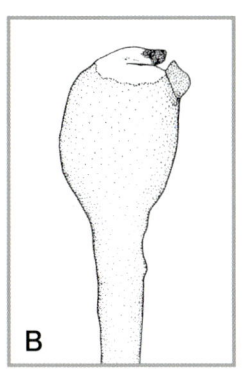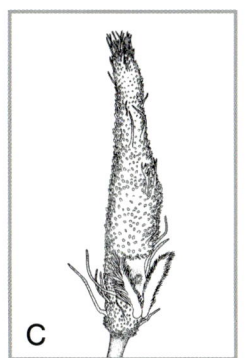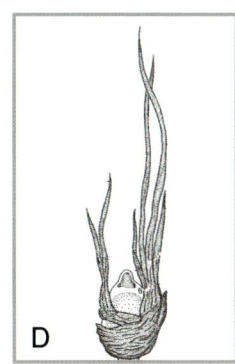

図14 いろいろな形をしたチョウチンアンコウ類のルアー：A チョウチンアンコウ／B ペリカンアンコウ／C アンドンモグラアンコウ／D イナホツノアンコウ（A Bertelsen & Krefft 1988より／BC 尼岡1983より／D Machida & Yamakawa 1990より）

深海魚の食事のマナーは？

023

第2章

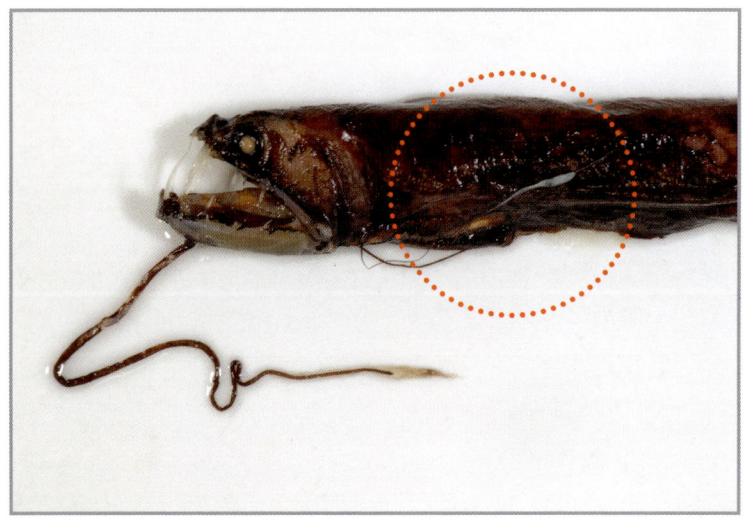

図15　ムチホシエソの胸鰭のルアー

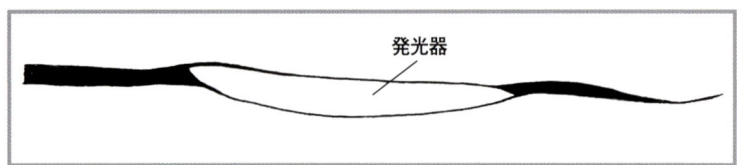

図16　ミツイホシエソの胸鰭のルアー（Morrow & Gibbs 1964より略写）

ヒガシホウライエソ
Chauliodus macouni
ホウライエソ科

200m〜6,000m

サオは長く伸び、先にルアーがある。眼のうしろの下に三角形の発光器がある。体の側面、腹側面にたくさんの発光器がならぶ。

生息深度　75〜2,000m
日本分布　北海道から駿河湾
世界分布　北太平洋の温帯〜亜寒帯海域

体長33.1cm（写真個体）

体長4.4cm（写真個体）

ラクダアンコウ
Chaenophryne draco
ラクダアンコウ科
解説→P.169

バーテルセンアンコウ
Bertella idiomorpha
ラクダアンコウ科
サオは根元近くでまがる。ルアーは球形でうしろに短い突起がある。頭は前からうしろまで直線的に上がり、そのてっぺんにするどい1本のトゲがある。

生息深度　2,900mより浅いところ
日本分布　岩手県から相模湾
世界分布　太平洋

体長2.1cm（写真個体）

トゲラクダアンコウ
Oneirodes thompsoni
ラクダアンコウ科
体は短い。サオは短くて太い。ルアーは大きく、球形で、前に長い突起物をもち、先で分かれる。ルアーのうしろにも少し長い突起物がある。

生息深度　300〜2,056m
日本分布　太平洋の東北地方以北、オホーツク海
世界分布　北太平洋、ベーリング海

体長1.5cm（写真個体）

深海魚の食事のマナーは？

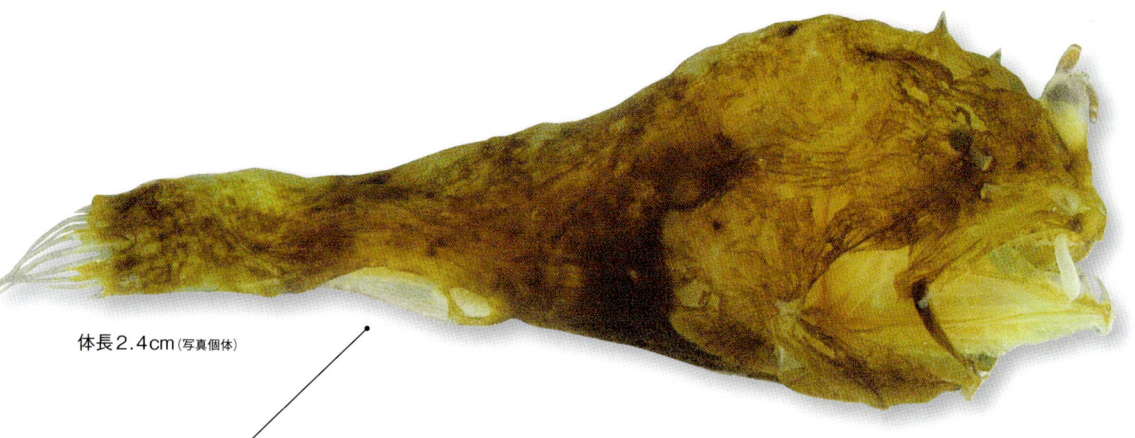

体長2.4cm(写真個体)

ハナビララクダアンコウ
Phyllorhinichthys micractis
ラクダアンコウ科

子どものときに、眼の前下方に1本の葉状のものがぶら下がる。サオは太くて短い。ルアーは球形で、3本のじょうぶな突起と短いヒゲがある。

生息深度　800〜3,600m
日本分布　東北地方の太平洋、天皇海山
世界分布　太平洋、インド洋、大西洋

ツノラクダアンコウ
Chirophryne xenolophus
ラクダアンコウ科

体はオタマジャクシ形で、皮ふはブヨブヨする。胸鰭はとても長い柄から出ている。棒状のサオの先に白いルアーがある。

生息深度　1,230m〜1,400m
日本分布　房総半島沖
世界分布　南シナ海、メキシコ湾

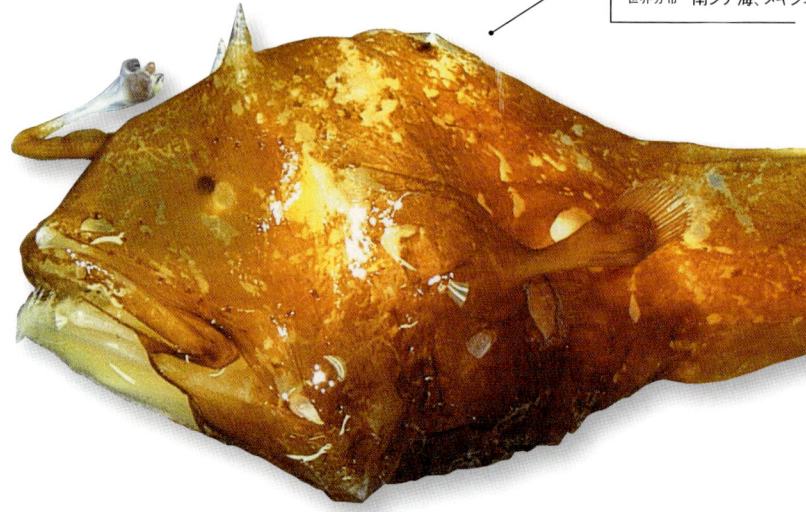

体長1.2cm(写真個体)

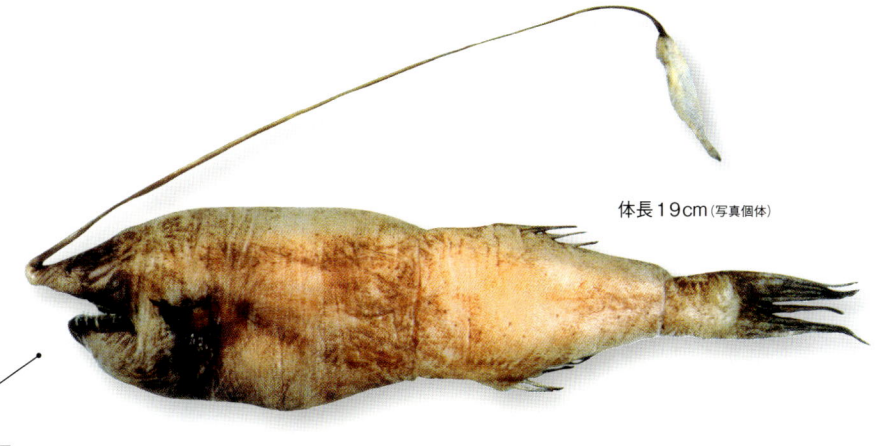

体長19cm (写真個体)

アンドンモグラアンコウ
Gigantactis perlatus
シダアンコウ科

体はブヨブヨする。吻はとがり、長く伸びて、顔つきはモグラに似ている。サオは体より長く、ルアーは円錐状で大きい。

生息深度　670～2,000m
日本分布　青森県沖
世界分布　東部太平洋、中部大西洋の南半球

体長2.4cm (写真個体)

ペリカンアンコウ
Melanocetus johnsonii
クロアンコウ科

サオはまっすぐで短い。ルアーは球形で、中央部は黒い。ルアーの先から白いイボが出る。下あごは上あごよりも前にとびだす。両あごにキバ状の歯がある。

生息深度　100～4,475m
日本分布　東北地方の太平洋、沖ノ鳥島近海
世界分布　太平洋、インド洋、大西洋

デバアクマアンコウ (新称)
Lasiognathus amphirhamphus
サウマティクチス科

上あごは下あごより長く前にとびだす。頭の上から長いサオが伸び、それを入れるサヤがヒモのようにうしろに向かってとびだす。ルアーは大きく、先に鉤 (かぎ) をもつ。

生息深度　1,000～1,305m
世界分布　ハワイ近海、東太平洋、大西洋

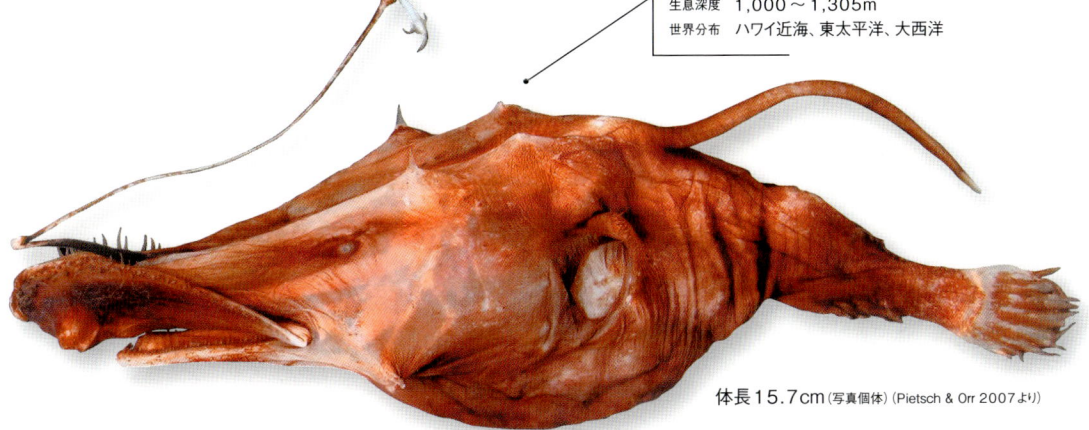

体長15.7cm (写真個体) (Pietsch & Orr 2007より)

深海魚の食事のマナーは？

027

グリーンランドチョウチンアンコウ(新称)
Himantolophus groenlandicus
チョウチンアンコウ科

サオはじょうぶでまがらない。ルアーは大きくて丸く、たくさんの短い糸のようなものが出る。体の表面に大小の強いトゲがはえ、頭のてっぺんのものはとても大きい。

生息深度　500〜800m
日本分布　相模湾
世界分布　西部太平洋

体長4.1cm(写真個体)

チョウチンアンコウ
Himantolophus sagamius
チョウチンアンコウ科

体にたくさんのトゲのある骨板が散らばる。サオは太くて短く、先端のルアーは球形で、約10本の長いヒモが出る。

生息深度　600〜1,210m
日本分布　北海道から相模湾
世界分布　太平洋、大西洋

体長13.9cm(写真個体)

エナシビワアンコウ
Ceratias uranoscopus
ミツクリエナガチョウチンアンコウ科

名前は体が楽器のびわ形であることに由来する。体は短い粒状のトゲでおおわれる。ルアーは球形で、先端に何もない。オスは生まれてから死ぬまでずっとメスに寄生する。

生息深度　95〜4,000m
日本分布　北海道と相模湾
世界分布　太平洋、インド洋、大西洋

体長51cm(写真個体)

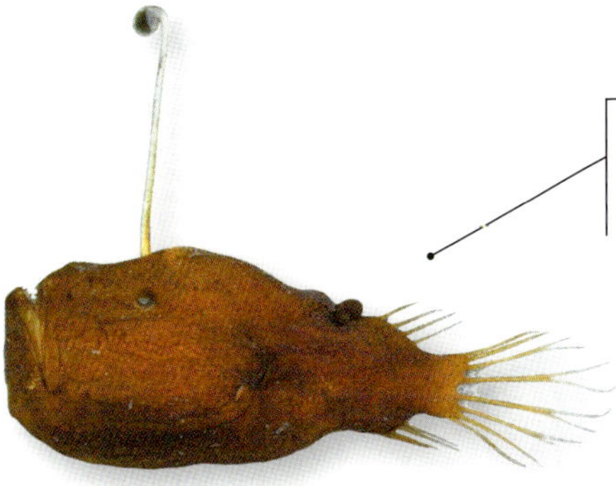

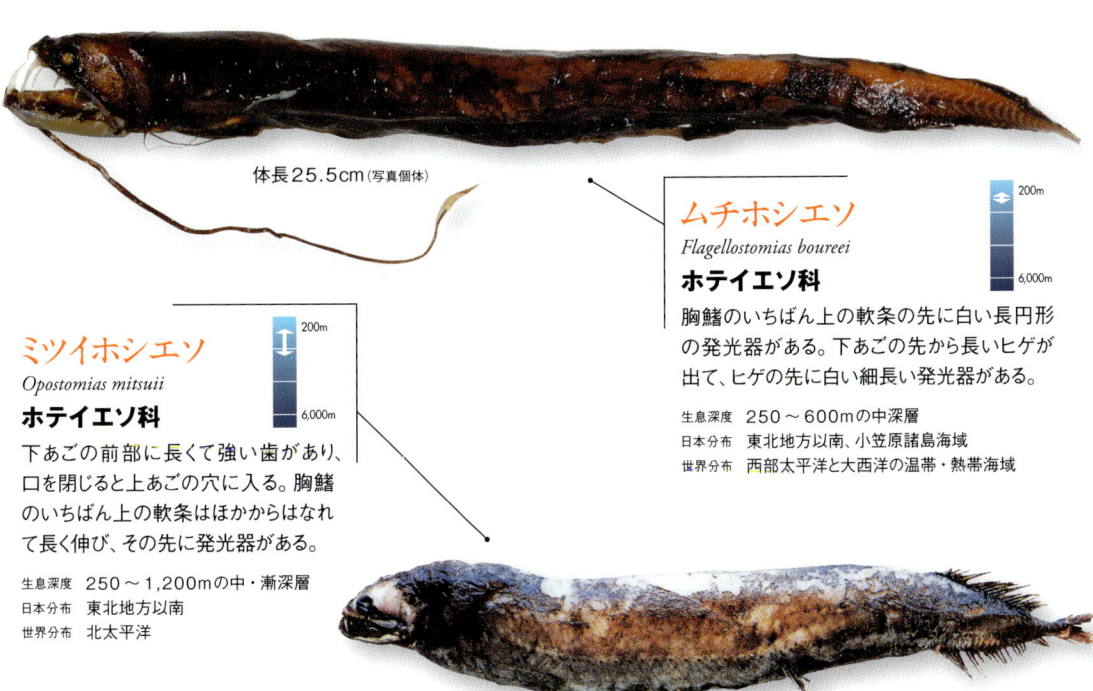

ミツクリエナガチョウチンアンコウ
Cryptopsaras couesii
ミツクリエナガチョウチンアンコウ科
解説→P.109

体長2cm（写真個体）

イナホツノアンコウ
Bufoceratias thele
フタツザオチョウチンアンコウ科

サオは体の中央部の背面から出る。ルアーは球形で、前に4本、うしろに2本の糸のような突起がある。

生息深度　780〜810m
日本分布　沖縄舟状海盆、東シナ海
世界分布　太平洋、インド洋、大西洋

体長8.7cm（写真個体）

体長25.5cm（写真個体）

ムチホシエソ
Flagellostomias boureei
ホテイエソ科

胸鰭のいちばん上の軟条の先に白い長円形の発光器がある。下あごの先から長いヒゲが出て、ヒゲの先に白い細長い発光器がある。

生息深度　250〜600mの中深層
日本分布　東北地方以南、小笠原諸島海域
世界分布　西部太平洋と大西洋の温帯・熱帯海域

ミツイホシエソ
Opostomias mitsuii
ホテイエソ科

下あごの前部に長くて強い歯があり、口を閉じると上あごの穴に入る。胸鰭のいちばん上の軟条はほかからはなれて長く伸び、その先に発光器がある。

生息深度　250〜1,200mの中・漸深層
日本分布　東北地方以南
世界分布　北太平洋

体長30.8cm（写真個体）

深海魚の食事のマナーは？

（2）ヒゲが光る！

ホテイエソ類、トカゲハダカ類、ホウキボシエソ類、オニアンコウ類などは、下あごに長く、さまざまに枝分かれしたヒゲをもっています。このヒゲを光らせて、エサを集めます。ヒゲの長さや形は種によってちがうため、種名を調べるときの参考になります。

図17 さまざまな形をしたホテイエソ類のヒゲのルアー

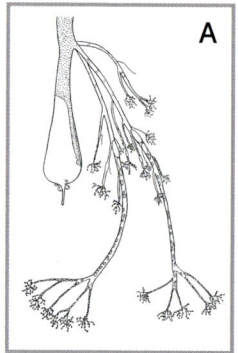
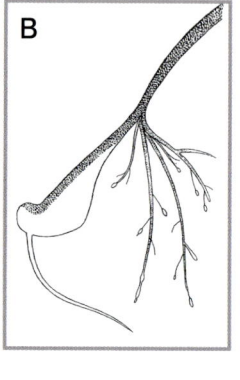
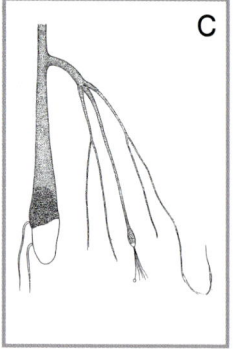
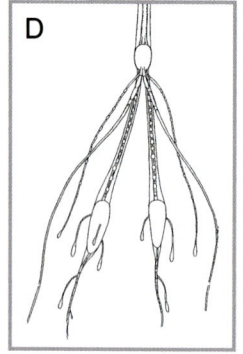
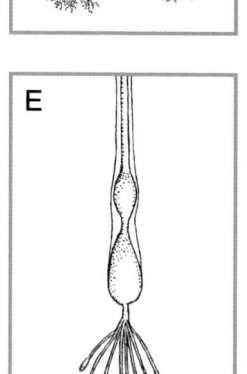
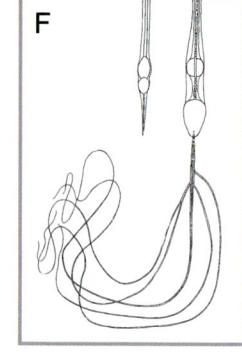

A イトヒキホシエソ／B イトメホシエソ／C マユダマホシエソ／D カザリホシエソ／E ユウストミアス オブスクラス／F ユウストミアス バイバルボサス
（A Beebe 1933 ／BE Regan & Trewavas 1930 ／CDF Parin & Pokhilskaya 1974より）

図18 さまざまな形をしたヒゲのルアー：Aシロヒゲホシエソ／Bロウソクホシエソ／Cカンザシホシエソ／Dナミダホシエソ／Eオニアンコウ（腹面から）（A仲谷一宏・阿部拓三氏提供／BD山本みつ美ほか2011より）

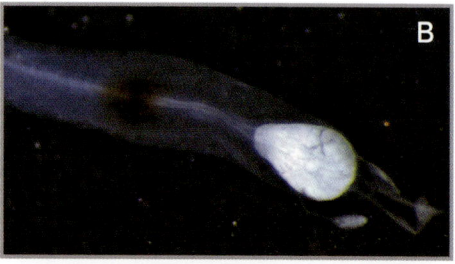

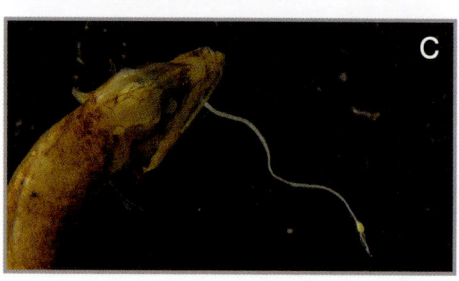

体長30cm（写真個体）（藍澤正宏氏提供）

イヌホシエソ
Eustomias sp.

ホテイエソ科

下あごからヒゲが長く伸び、その先に球形のルアーがある。ルアーの根元に1対の糸のようなものがある。

生息深度　100〜400m
日本分布　東北地方の太平洋沖、小笠原諸島海域

マユダマホシエソ
Eustomias fissibarbis
ホテイエソ科

下あごのヒゲは短く、途中で枝分かれし、枝はさらに細かく複雑に分かれる。ルアーの先は長円形で数本の糸のようなものをもつ。

生息深度　中深層
日本分布　宮古島、小笠原諸島近海
世界分布　太平洋、インド洋、大西洋など

体長30cm（写真個体）

体長58.8cm（写真個体）

カンザシホシエソ
Eustomias cancriensis

ホテイエソ科

体は細長い。下あごのヒゲは長く伸び、途中に枝がない。ヒゲの先に小さい球形のルアーがあり、その先から数本の糸のようなものが出る。

生息深度　200〜500m
日本分布　宮古島東方海域、小笠原諸島海域、天皇海山など
世界分布　西太平洋

クロヒゲホシエソ
Melanostomias tentaculatus
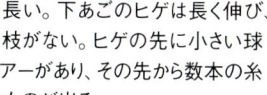
ホテイエソ科

下あごのヒゲは長く、途中に枝がない。ルアーの先は長円形で白く、1本の指のような突起がある。ヒゲは全体に黒い。

生息深度　400〜800m
日本分布　九州・パラオ海嶺、沖ノ鳥島海域
世界分布　太平洋、インド洋

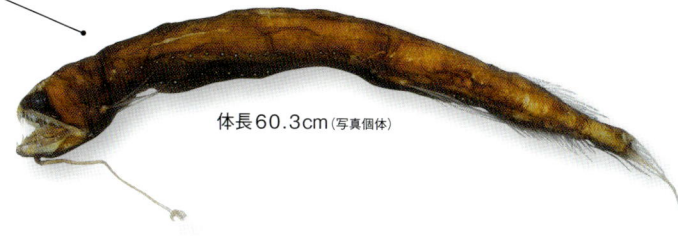

体長60.3cm（写真個体）

深海魚の食事のマナーは？

オオトカゲハダカ
Heterophotus ophistoma
トカゲハダカ科

口は大きい。歯は小さく、キバ状の歯がない。下あごのヒゲはとても長い。腹鰭の前の発光器は連続しないが、体の側面の発光器は同じ間隔で1列にならぶ。

生息深度 　1,000mより浅いところ
日本分布 　岩手県沖と小笠原諸島海域
世界分布 　太平洋、インド洋、大西洋の温帯～熱帯海域

シロヒゲホシエソ
Melanostomias melanops
ホテイエソ科

解説→P.57

トカゲハダカ
Astronesthes ijimai
トカゲハダカ科

下あごから長いヒゲが伸び、その先にルアーがある。体の側面と腹面にたくさんの発光器がならぶ。

生息深度 　300～815m
日本分布 　相模湾から沖縄舟状海盆
世界分布 　西部太平洋、インド洋

ヤリホシエソ
Leptostomias multifilis
ホテイエソ科

下あごのヒゲが長く、その先に細長い楕円形のルアーがあり、ルアーの表面からたくさんの糸状のものが出る。ヒゲは黒い。体の側面と腹面にたくさんの発光器がならぶ。

生息深度 　200～600m
日本分布 　東北地方の太平洋、相模湾から土佐湾

体長17.8cm（写真個体）
体長3.4cm（写真個体）
体長13.3cm（写真個体）

体長18.3cm（写真個体）（山中みつ美ほか2011より）

ロウソクホシエソ
Eustomias ioani
ホテイエソ科

下あごのヒゲは長く、途中に枝がない。ルアーは白くて球形で、先端から2本の短い突起と3本の長い突起が出る。突起の先端は卵形。

生息深度　100〜500m
日本分布　岩手県沖、小笠原諸島海域
世界分布　北太平洋の亜熱帯海域、ハワイ諸島海域

ナミダホシエソ
Melanostomias pollicifer
ホテイエソ科
解説→P.59

体長5.9cm（写真個体）

アストロネセス リュトケニ
Astronesthes luetkeni
トカゲハダカ科

口は大きい。歯はクシ状。下あごのヒゲは長く、先端に小さい楕円形のルアーがあるが、糸のようなものははえない。体の側面と腹側の発光器は同じ間隔で1列にならぶ。臀鰭は背鰭の基部の後端よりかなりうしろから始まる。

生息深度　1,000mより浅いところ
日本分布　小笠原諸島海域
世界分布　太平洋の温帯〜熱帯海域

オニアンコウ
Linophryne densiramus
オニアンコウ科
解説→P.179

体長13.5cm（写真個体）

ニシオニアンコウ
Linophryne algibarbata
オニアンコウ科

下あごのヒゲはとても長く、4本の幹に分かれ、それぞれの幹はさらにたくさんの枝に分かれる。枝にたくさんの小さい発光器がある。頭のてっぺんからじょうぶなサオが伸び、先に球形のルアーがある。

生息深度　1,000m付近
世界分布　北大西洋

深海魚の食事のマナーは？

033

(3) 尾の先が光る！

フクロウナギやフウセンウナギは尾の先が光ります。これも、エサを集めるためです。

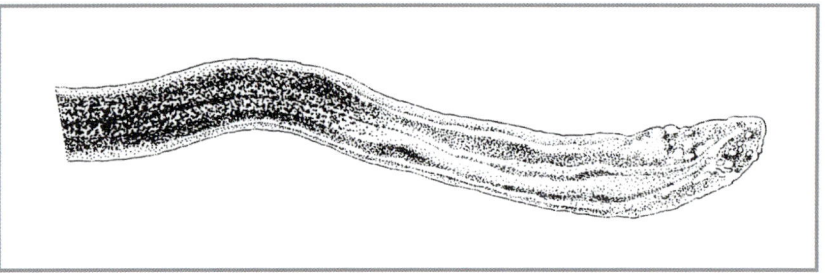

図19 フウセンウナギの尾部の先のルアー（Nielsen & Bertelsen 1985より）

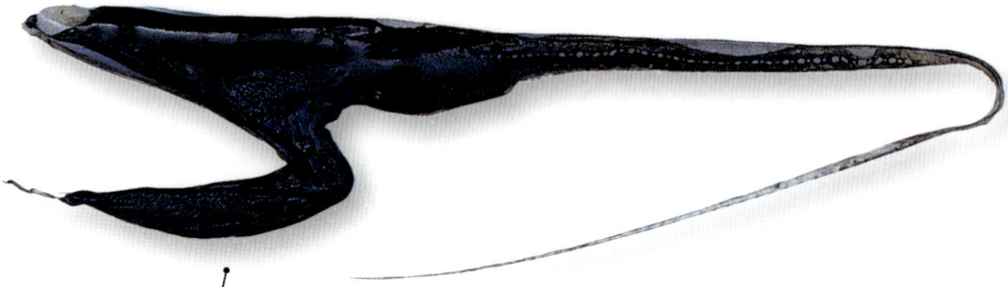

フクロウナギ
Eurypharynx pelecanoides
フクロウナギ科
解説→P.47

フウセンウナギ
Saccopharynx ampullaceus
フウセンウナギ科

体はウナギ状で、尾はヒモのように細長く、その先に丸くふくらんだ発光器がある。頭は口よりも小さく、口の上にのっている。眼はとても小さい。

生息深度　2,000〜3,000m
世界分布　北大西洋

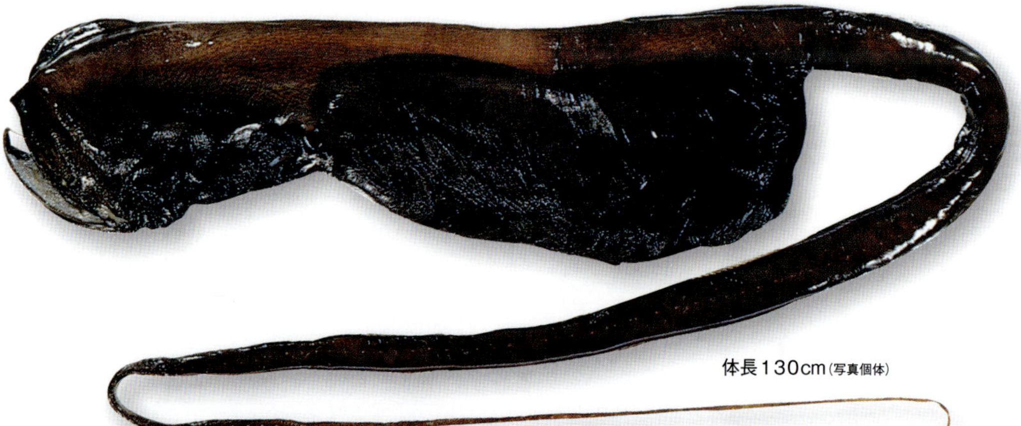

体長130cm（写真個体）

(4) 口の中が光る！

　ムネエソは口の中の天井に発光器があります。口の中の光が前に出るように反射板がついていて、反射させた光でエサを口の中におびきよせます。

　チョウチンアンコウ類のビックリアンコウは頭の上のルアーを下げて頭の前端の割れ目から口の中に入れて、エサを口の中にさそいこみます※。

※ビックリアンコウのエサの食べ方については、44ページでくわしく解説しています

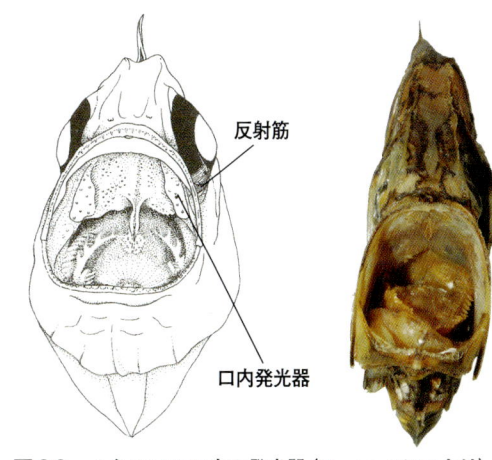

図20　ムネエソの口内の発光器（Herring 1977より）

反射筋
口内発光器

ムネエソ
Sternoptyx diaphana
ムネエソ科

腹部の縁辺に10個、臀鰭に3個の発光器がある。体は平たく、腹部に三角形の透明な部分がある。眼は頭の前端にある。

生息深度　500mより深い中深層
日本分布　北海道太平洋以南、小笠原諸島近海
世界分布　太平洋、インド洋、
　　　　　大西洋の熱帯〜亜熱帯海域

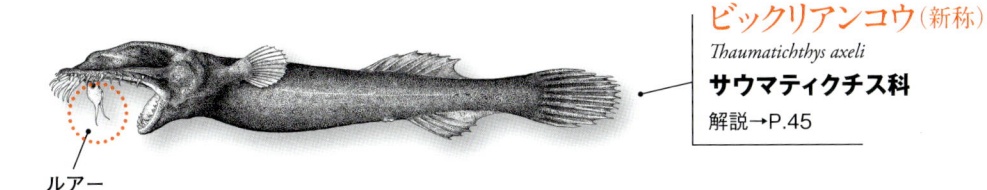

200m
6,000m

体長3.6cm（写真個体）

ビックリアンコウ（新称）
Thaumatichthys axeli
サウマティクチス科
解説→P.45

ルアー

深海魚の食事のマナーは？

02 どうやって光るの？

これまでに紹介したように、深海魚には「光る魚」がたくさんいます。でも、電池をもっていない魚がどうやって光っているのでしょうか？

じつは、深海魚の光るしくみには2タイプあります。『バクテリアに光ってもらうタイプ』と、『自分で光るタイプ』です。光の強さを調節するしぼりや、光を遠くまでとどけるためのレンズ、反射板、光ファイバーなどを備えているものもいます。

チョウチンアンコウ類のルアーやソコダラ類のおしりのまわりの発光器には、「バクテリア飼育室」があります。そこにバクテリアをすまわせて光ってもらい、その光を利用しています[※]（図21）。

トカゲハダカ類、ワニトカゲギス類、ハダカイワシ類、ムネエソ類などの体の腹側面にならんでいる発光器や眼の下にある大きな発光器、ホテイエソ類、ミツマタヤリウオ類、オニアンコウなどのヒゲにある発光器は自分で光るタイプです。ホタルのように自分の体内で光る物質（ルシフェリンとルシフェラーゼ）を作り、2つの物質を化学反応させて光らせます（図22）。チョウチンアンコウ類のオニアンコウはルアーとヒゲでそれぞれ別タイプの発光器をもっています。

※ソコダラ類のおしりの発光器については、145ページでくわしく解説しています

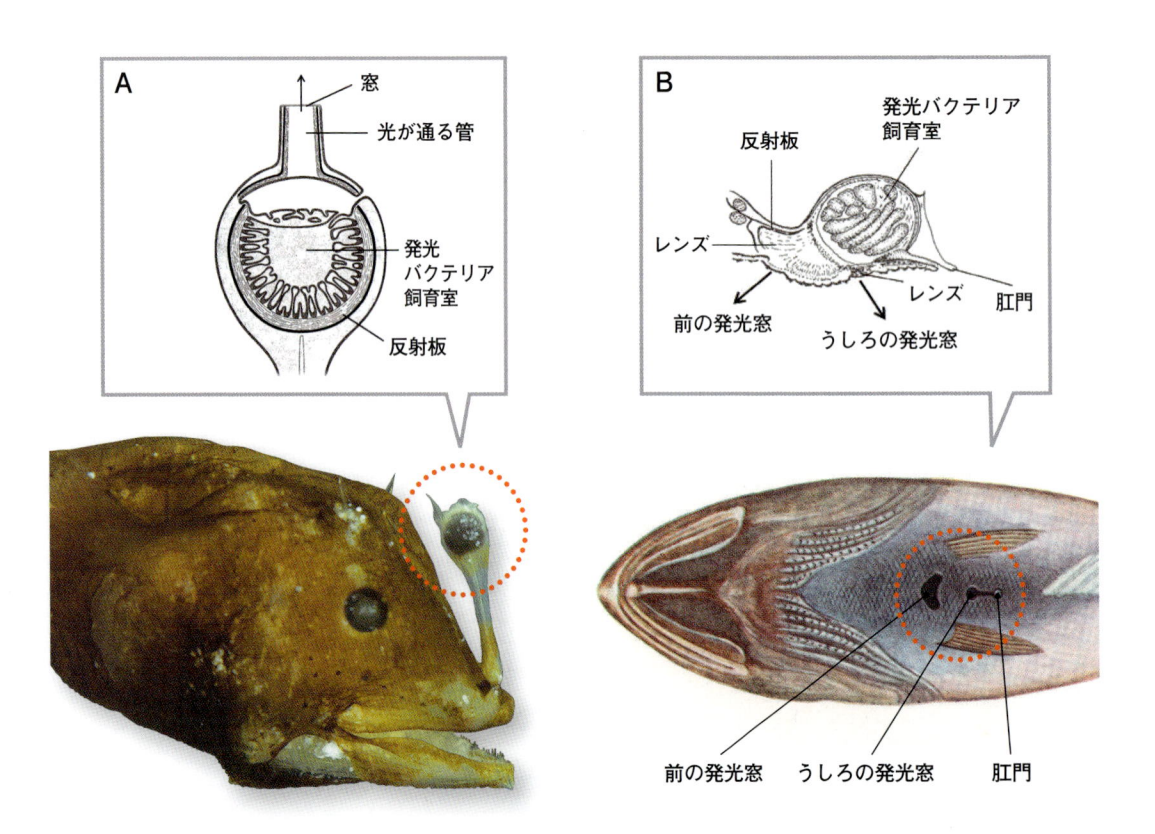

図21 バクテリアタイプの発光器とその構造：A チョウチンアンコウ類のルアー／B ソコダラ類の肛門の前の発光器（A Pietsch & Orr 2007より／B Haneda 1938より）

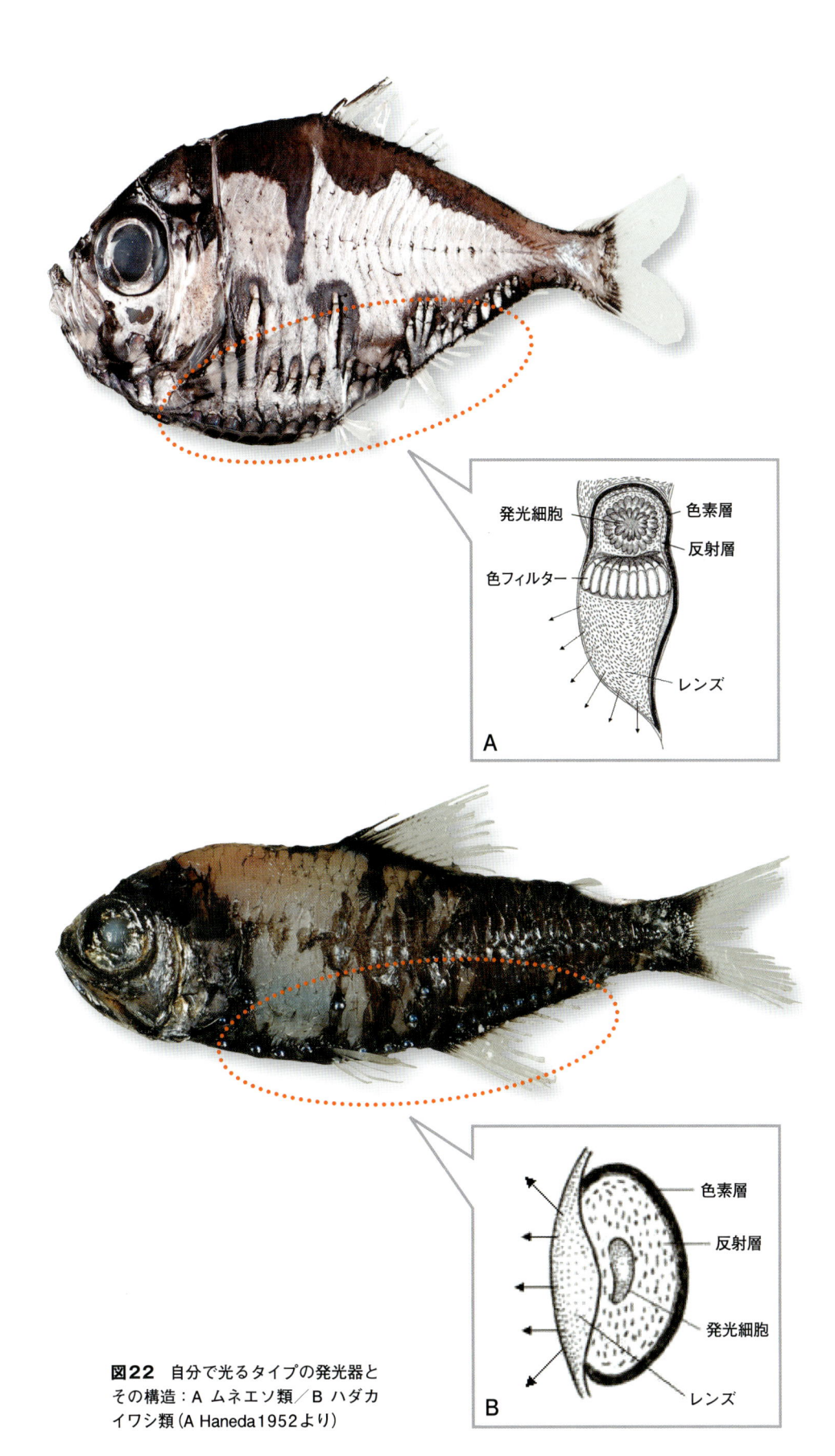

発光細胞　色素層
反射層
色フィルター
レンズ
A

色素層
反射層
発光細胞
レンズ
B

図22 自分で光るタイプの発光器とその構造：A ムネエソ類／B ハダカイワシ類（A Haneda1952より）

深海魚の食事のマナーは？

037

バクテリア
タイプ

第2章

オニアンコウ属の一種
Linophryne sp.
オニアンコウ科
サオは短く、その先に大きな球形のルアーがある。頭のてっぺんから大きな強いトゲがツノのようにとびだす。下あごから細かく分かれた短いヒゲが下がる。

体長3.6cm (写真個体)

ニホンマンジュウダラ
Malacocephalus nipponensis
ソコダラ科
解説→P.146

ミミズクラクダアンコウ
Dolopichthys longicornis
ラクダアンコウ科
サオは長く、先に小さい球形のルアーがある。その先から数本の糸のようなものが出る。頭の前部は長くとがる。

200m
6,000m

生息深度　500〜2,200m
日本分布　房総半島沖
世界分布　太平洋、インド洋、大西洋

体長6.8cm (写真個体)

自分で光る タイプ

体長11.6cm (写真個体) (篠原現人氏提供)

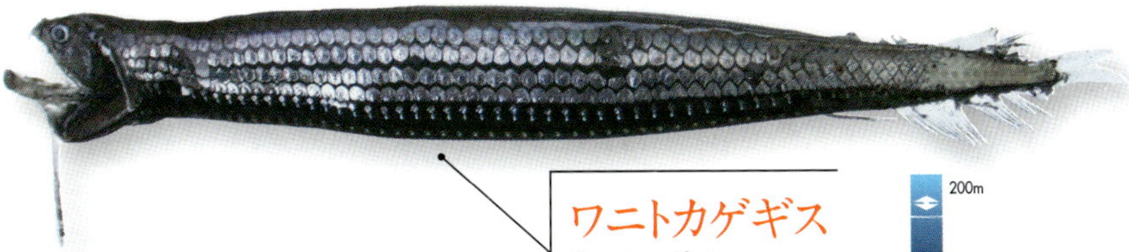

ワニトカゲギス
Stomias affinis
ワニトカゲギス科

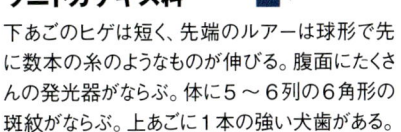

下あごのヒゲは短く、先端のルアーは球形で先に数本の糸のようなものが伸びる。腹面にたくさんの発光器がならぶ。体に5～6列の6角形の斑紋がならぶ。上あごに1本の強い犬歯がある。

生息深度　700m付近
日本分布　東北地方沖、九州・パラオ海嶺
世界分布　太平洋、インド洋、大西洋の熱帯・亜熱帯海域

ミツマタヤリウオ
Idiacanthus antrostomus
ミツマタヤリウオ科
解説→P.150

ムラサキホシエソ
Echiostoma barbatum 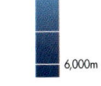 
ホテイエソ科

ヒゲの先はヒョウタン形で、先からたくさんの糸のようなものが出る。眼のうしろに濃い赤紫色の細長い三角形の発光器がある。体の腹側面にそって小さい発光器が規則正しく列をなしてならぶ。

生息深度　250～600m
日本分布　東北地方以南太平洋、沖ノ鳥島など
世界分布　太平洋、インド洋、大西洋の温帯・熱帯海域

体長29cm (写真個体)

ハダカイワシ
Diaphus watasei
ハダカイワシ科

体は細長い。眼の前部の下に楕円形の発光器がある。いちばん上のSAOとPol (P.119 図59参照) は側線のかなり下にある。

生息深度　中深層
日本分布　相模湾以南～東シナ海
世界分布　フィリピン沖

体長6.1cm (写真個体)

テンガンムネエソ
Argyropelecus hemigymnus
ムネエソ科
解説→P.116

深海魚の食事のマナーは？

03 何をどうやって食べているの？

　深海魚は上から落ちてくる生物の死骸や、あらゆるサイズの深海生物を食べています。小さいものは大きいものに、大きいものはもっと大きいものに食べられます。

　先に紹介したように、光ってエサを集めるものもいれば、夜に浅いところへ行って食べて帰ってくるものもいます。ほかにも、深海魚ならではの変な食べ方をするものがいます。どんなおもしろいテーブルマナーがあるのか、見てみましょう。

（1）がま口式 VS スポイト式

　エサが少ない深海では、確実にとらえることが重要です。そのため、チョウチンアンコウ類、ホウライエソ、オニキンメなどのように大きな口とするどい歯をもった、丸飲みタイプの魚が圧倒的に多いです（図23）。

　しかしゲンゲ類やクサウオ類の仲間には小さな口の魚もかなりいて、それぞれでエサを食べる工夫をしています。スタイルフォルスはスポイトのように急に口をふくらませ、そのすいこむ力を利用して小さなエサをすって食べています（図24）。コンゴウアナゴは臼歯をもっています。小さい口を頭の前端で横一文字に開き、臼歯でエサをすりつぶして食べます（図25）。

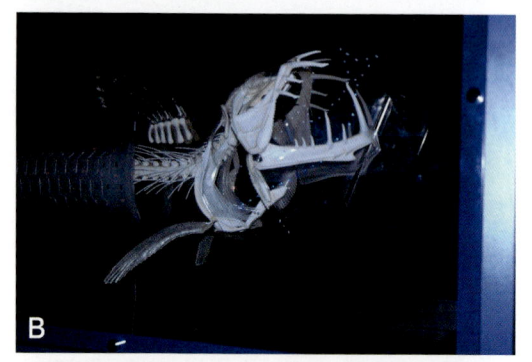

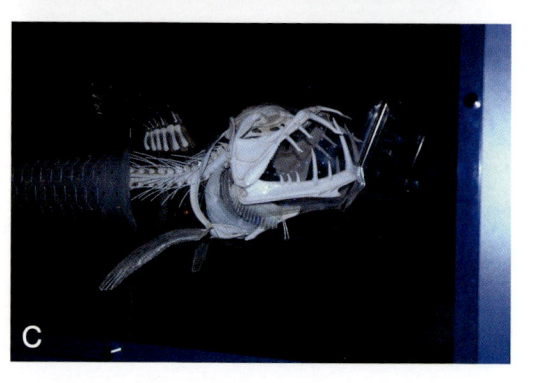

図23　ホウライエソの模型：A ルアーでおびきよせる／B 小魚が口に入る／C 口を閉じて飲みこむ（名古屋港水族館提供）

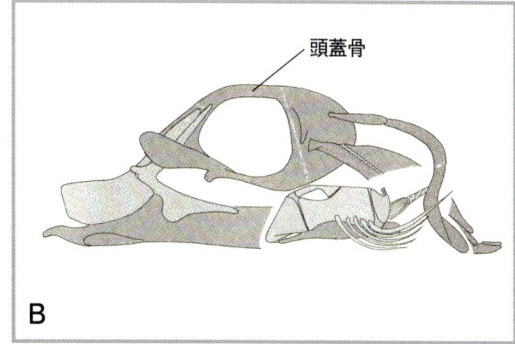

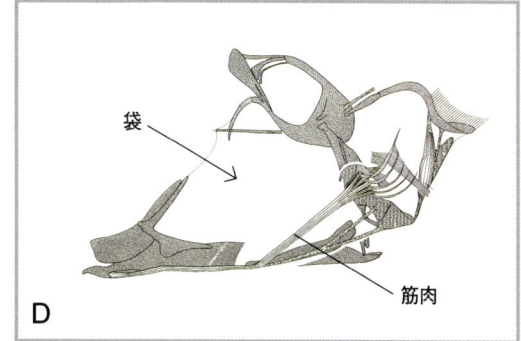

図24 スタイルフォルスのエサをすいこむしくみ：AB 袋を縮めて、口を閉じている／CD 袋を広げて、口を開き一気にエサをすいこむ（AC Pietsch氏提供／BD Pietsch 1978より）

図25 コンゴウアナゴの口：A 側面／B 前面

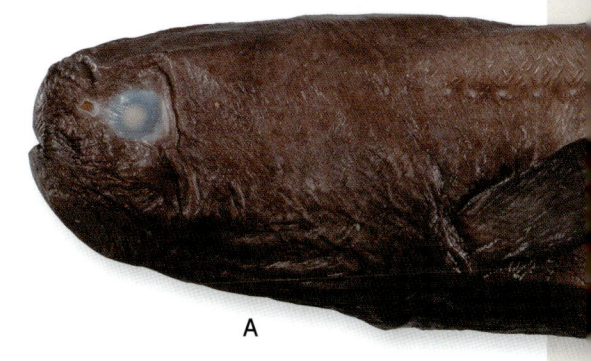

深海魚の食事のマナーは？

041

がま口式

第2章

ペリカンアンコウモドキ
Melanocetus murrayi
クロアンコウ科

口は大きく、ほぼ垂直に開く。下あごは上あごよりも前にとびだす。両あごにキバのような歯がある。サオは短い。ルアーは球形で、先から白いイボのような突起が出る。

生息深度　1,000～5,000m
日本分布　沖縄舟状海盆
世界分布　太平洋、インド洋、大西洋

体長5.5cm（写真個体）

ペリカンザラガレイ
Chascanopsetta crumenalis
ダルマガレイ科
解説→P.185

体長13cm（写真個体）

アクマオニアンコウ
Linophryne lucifer
オニアンコウ科

口は大きく、水平に開き、両あごにたくさんのキバのような歯がある。体は丸い。頭の前部に長いサオと下あごに長いヒゲがある。

生息深度　1,000mより深いところ
世界分布　北太平洋、南東インド洋

オニキンメ
Anoplogaster cornuta
オニキンメ科

口は大きく、ななめに開く。上あごに3本、下あごに4本のキバのような歯がある。頭にたくさんの溝や隆起がある。

生息深度　1,000m付近
日本分布　東北地方と北海道
世界分布　太平洋、インド洋、大西洋など

ホウライエソ
Chauliodus sloani
ホウライエソ科
解説→P.47

スポイト式

クログチコンニャクハダカゲンゲ
Melanostigma atlanticum
ゲンゲ科
解説→P.103

体長38cm (写真個体)

コンゴウアナゴ
Simenchelys parasitica
ホラアナゴ科
頭の前端はつぶれ、小さい口は横に開く。歯は臼歯。眼は小さい。

生息深度	370～2,600mの海底
日本分布	北海道から土佐湾の太平洋
世界分布	西部太平洋、大西洋

200m / 6,000m

スタイルフォルスコルダタス
Stylephorus chordatus
スタイルフォルス科
口は小さく、管状で前へつきだすことができる。尾部の下葉は糸状に長く伸びる。眼は望遠鏡のようで、前を向く。

| 生息深度 | 300～800m |
| 世界分布 | ほぼ全世界 |

200m / 6,000m

ギンザケイワシ
Nansenia ardesiaca
ソコイワシ科
解説→P.61

トカゲギス
Aldrovandia affinis
トカゲギス科
頭の前端はとがる。口は小さく、頭の下面にある。背鰭の基底は短く、臀鰭の基底は長い。

生息深度	650～2,574mの海底付近
日本分布	南日本、九州・パラオ海嶺
世界分布	世界の温帯・熱帯海域

200m / 6,000m

体長27.2cm (写真個体)

体長40cm (写真個体)

ハナグロインキウオ 
Paraliparis copei
クサウオ科
体はやわらかく、グニャグニャしている。口は小さく、眼の前までしか開かない。腹部に吸盤はない。頭と腹部は青紫色。

| 生息深度 | 1,044～1,902mの海底付近 |
| 世界分布 | 北米ノースカロライナ以北、グリーンランド南西海域 |

200m / 6,000m

体長23.2cm (写真個体)

深海魚の食事のマナーは？

(2) ハエトリソウ式 VS トラバサミ式

　ビックリアンコウは、頭の上のルアーをふってエサを集め、ルアーを折りまげて頭の切れ目から口の中に通し、エサを口の中にさそいます。エサが入るとその刺激で口がしまり、エサを完全に閉じこめてしまいます。まるでハエトリソウのようです（図26）。

　ホウキボシエソの仲間のオオクチホシエソやホウキボシエソの口は、トラバサミのような動きをします。トラバサミとは、エサをとりにきたネズミやキツネをはさんでつかまえる道具です。下あごに強いキバがあり、あごの下面には皮ふがなく、つつぬけです（図27）。エサがよってくると、あごの先と喉につながっているヒモを引っぱり、勢いよく口をしめてエサをはさんでとらえます。下あごに皮ふがないので水の抵抗がなく、口を早く閉じることができ、また、エサも飲みこみやすいです。

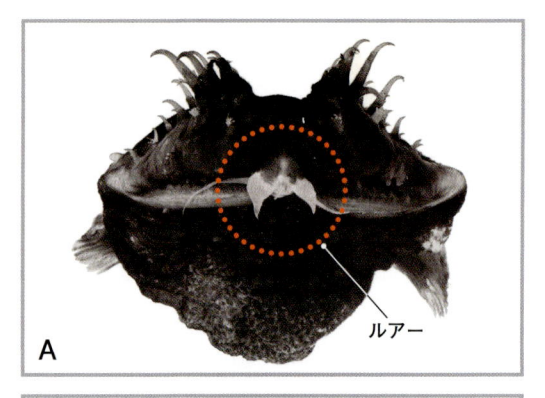

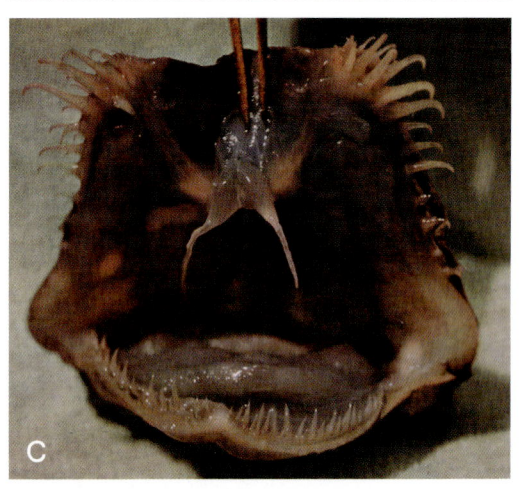

図26　ビックリアンコウのエサのとり方：A 口を開いてルアーを口の中に入れ、さそう／B 口を閉じたところ／C ルアーと口の拡大（Bertelsen & Struhsaker 1977より）

図27　オオクチホシエソのトラバサミ式の口：A 側面／B 腹面。口の下面に皮ふがない

図28　ホウキボシエソの頭部

ハエトリソウ式

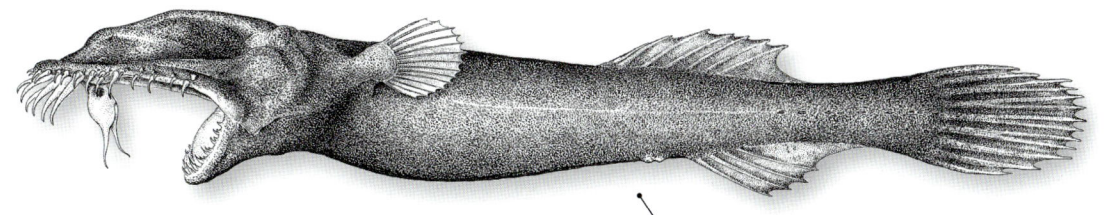

体長36.5cm (Bertelsen & Struhsaker 1977より)

ビックリアンコウ（新称）
Thaumatichthys axeli
サウマティクチス科

上あごは下あごより前につきだし、まがった長い歯をもつ。上あごは左右に広く分かれて、上下できるように頭骨と蝶番（ちょうつがい）状につながる。ルアーは上あごのすき間から口の中にぶら下がる。

生息深度　3,570〜3,695m
世界分布　東部太平洋

トラバサミ式

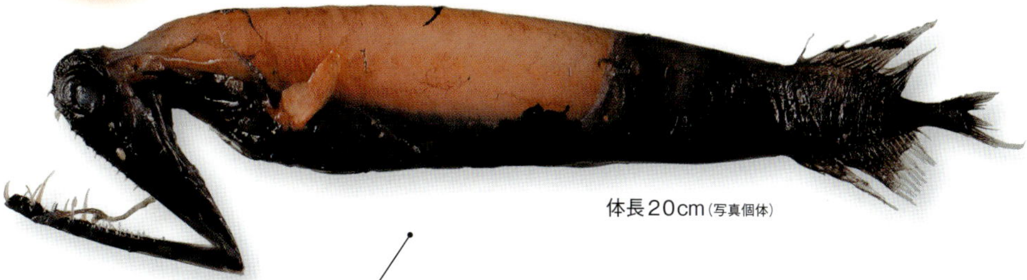

体長20cm (写真個体)

オオクチホシエソ
Malacosteus niger
ホウキボシエソ科

口は大きく、ななめに開き、下あごに大きなキバがある。下あごには床がない。眼の下に赤い大きな発光器がある。

生息深度　900〜3,900m
日本分布　沖縄舟状海盆
世界分布　世界に広く分布

ホウキボシエソ
Photostomias liemi
ホウキボシエソ科

眼のうしろの下に長楕円形の大きな発光器がある。口は大きく、下面に皮ふがない。腹鰭は体の中央部にあり、とても長く伸びる。

生息深度　500〜700m
日本分布　東北地方太平洋沖以南、小笠原諸島海域
世界分布　太平洋、インド洋、大西洋

体長10.6cm (写真個体)

深海魚の食事のマナーは？

(3) フクロ式 VS シシマイ式 VS ヘビ式

　フクロウナギは、頭蓋骨の長さの10倍ほどある長い大きな口をもっています。おなかがすくと頭を上向きにして体を立てて、袋のような口を広げてエサが来るのを待ちます。エビなどのエサが袋の中に入ると口をゆっくり閉じて水を鰓孔から出し、エサだけを飲みこみます（図29）。

　ダイニチホシエソ類やホウライエソ類は、頭をシシマイのように上下左右に動かしエサをとらえます。頭を動かしやすくするために頭の近くの背骨が退化し、ヒモ（脊索）だけになっています。これは、エサとなる魚の動きが頭に与えるショックをやわらげるクッションの働きもします（図31）。

　フウセンウナギはヘビがネズミを飲みこむときのように、背骨をまげて、上あごを立て口を大きく開きます（図32）。これにより、自分よりも大きな魚を飲みこめます。

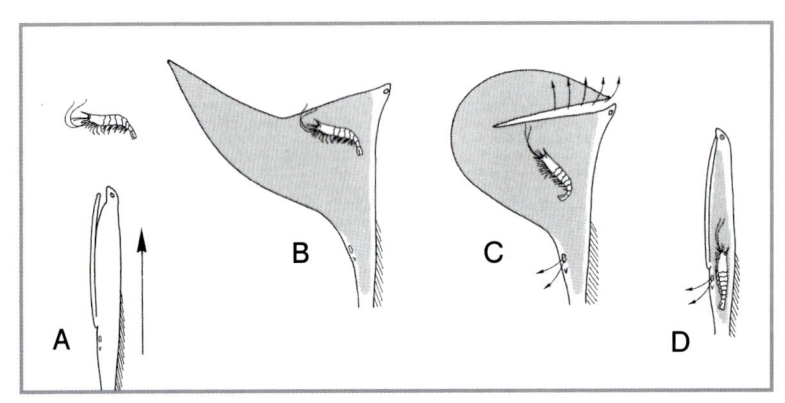

図29　フクロウナギのエサのとり方：A エサに近づく／B 口を広げる／C 口を閉じる／D 鰓孔から水を出し、エサだけを飲みこむ（Nielsen, Bertelsen & Jespersen 1989より）

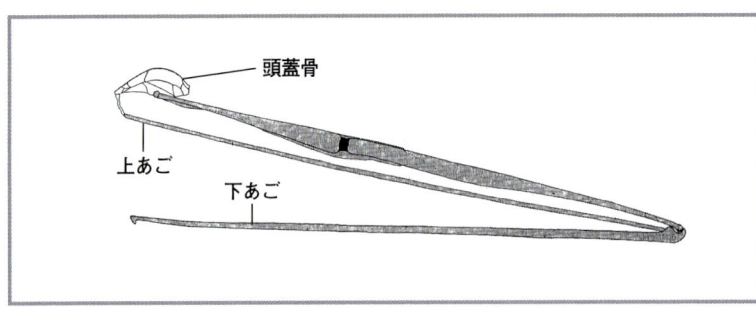

図30　フクロウナギの頭より大きな口（Bertin 1934より）

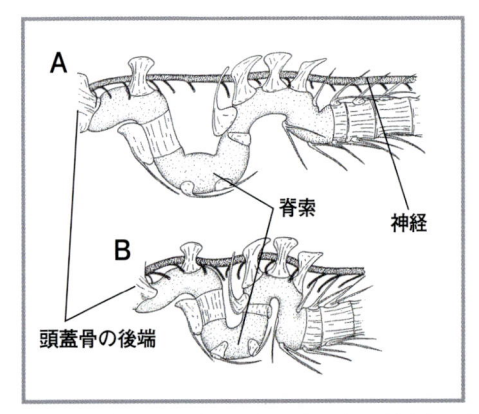

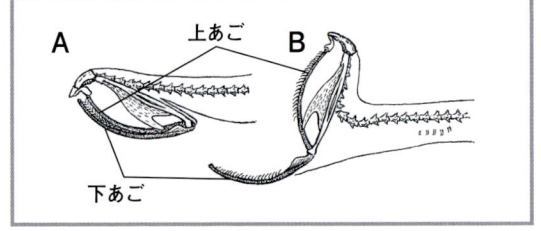

図32　フウセンウナギが大きく口を開けたときの骨格の動き：A 閉じた状態／B 開けた状態（Norman 1963より略写）

図31　ダイニチホシエソ類の大きく口を開くしくみ：A 上あごをつきだした状態／B 上あごを戻した状態（Regan & Trewavas 1930より）

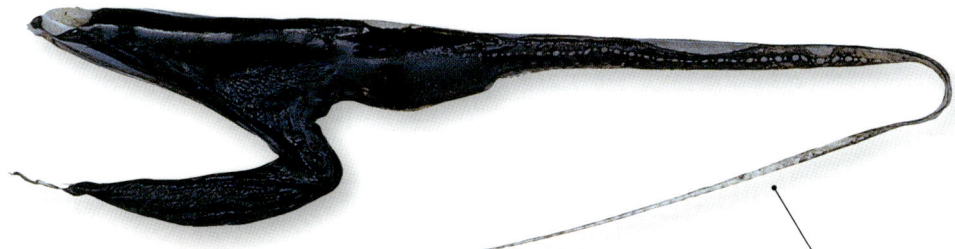

体長35cm(写真個体)

フクロ式

フクロウナギ
Eurypharynx pelecanoides
フクロウナギ科

体はウナギ状。口は大きく、頭蓋骨の長さの約7〜10倍。口は袋状。歯は小さい。尾部の先に小さい発光器がある。体長は2mほどになる。

生息深度　500〜7,800m
日本分布　東北地方以南、土佐湾、小笠原諸島海域
世界分布　世界に広く分布

シシマイ式

体長12.5cm(写真個体)

ホウライエソ
Chauliodus sloani
ホウライエソ科

口は大きく、上あごに4本と下あごに5本のキバのような歯がある。体の腹側面に発光器がならぶ。

生息深度　500〜2,800m
日本分布　北海道の太平洋以南
世界分布　太平洋、インド洋、大西洋

ホソヒゲホシエソ
Eustomias bifilis
ホテイエソ科

口は大きく、両あごは前へつきだす。眼の下に球形の発光器がある。ヒゲは長く、中ほどで2つに分かれる。

生息深度　200〜700m
日本分布　九州・パラオ海嶺
世界分布　太平洋、インド洋の熱帯海域

体長23.4cm(写真個体)

ヘビ式

フウセンウナギ
Saccopharynx ampullaceus
フウセンウナギ科
解説→P.34

深海魚の食事のマナーは？

047

(4) つきさし式 VS からめとり式

　ホウライエソは下あごに、口の中におさまりきらないほどの長いキバをもっています。口を閉じると上あごの前を通りすぎて頭のてっぺんにまで伸びます（図33）。

　タンガクウナギは上あごに骨がありませんが、頭から1本のするどいキバがとびだしています（図34）。このキバはエビをつきさすのに使います。

　シギウナギ類、ヤバネウナギ、ノコバウナギ類などはクチバシのような長い口をもっています。シギウナギ類のクチバシの先は反り返っていてかみ合いません。近づいたエビ類の触角（ヒゲ）をクチバシにからめて食べているようです（図35）。

図33　ホウライエソの頭部

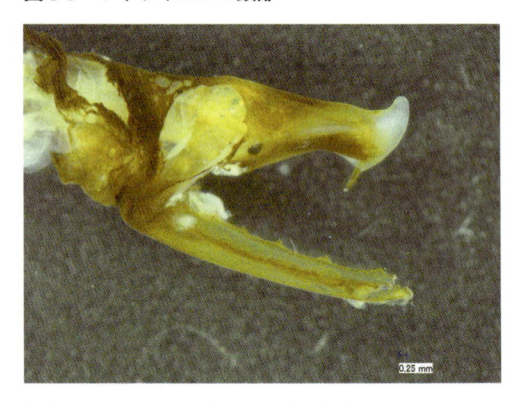

図34　スミスタンガクウナギの頭部

図35　シギウナギの頭部

つきさし式

体長5.5cm（写真個体）

スミスタンガクウナギ（新称）
Monognathus smithi
タンガクウナギ科

上あごの骨がない。頭の前の骨から1本のするどいキバが口の中につきだす。吻端はとがり、上を向く。眼はとても小さい。

生息深度　4,200〜5,200m
世界分布　中部北太平洋

ホウライエソ
Chauliodus sloani
ホウライエソ科
解説→P.47

からめとり式

ヤバネウナギ
Cyema atrum
ヤバネウナギ科

背鰭と臀鰭の後部はうしろへとびだし、矢の羽根のようになる。口はクチバシ状で、ヤスリ状の小さい歯がはえる。子どもは体が高く、うすくて透明である。

生息深度　500～5,000m
日本分布　九州南東海域、小笠原諸島海域
世界分布　ニュージーランド近海、南太平洋、インド洋、東部北大西洋

＜仔魚＞

体長11.5cm（写真個体）

ノコバウナギ
Serrivomer lanceolatoides
ノコバウナギ科

体は少し平たく、ウナギ状。両あごはクチバシ状に長く伸びる。歯は帯状にならび、外側の2～3列はヤスリ状。両あごの後部に犬歯がある。

生息深度　300～1,800m
日本分布　東北太平洋、熊野灘
世界分布　西部太平洋、インド洋、東部太平洋

体長40cm（写真個体）

シギウナギ
Nemichthys scolopaceus
シギウナギ科

口はクチバシ状で長く、外側にまがり、かみ合わせることができない。体は細長く、尾部はヒモ状。

生息深度　300～2,000m
日本分布　北海道の東部から土佐湾、九州・パラオ海嶺
世界分布　世界の温帯・熱帯海域

体長54.4cm（写真個体／♀）

深海魚の食事のマナーは？

（5）アイスクリームスプーン式VS串ざし式VSおろし金式

　ダルマザメは上あごの歯がスパイク状で、下あごの歯はナイフ状になっていて、口のまわりにはパッキンがあります（図36）。エサとなる魚に突進して皮ふにスパイクを打ちこみ、口ですいつき、舌をうしろに引くとその圧力でナイフがくいこみます。そのまま体を回転させて肉を丸くはぎとって食べます（図37）。まるでアイスクリームをすくいとるスプーンのようです。

　ミツクリザメはあごを異常に前につきだし、エサとなる魚を串ざしにしてつかまえます（図38）。

　ヌタウナギ類にはあごがなく、口は裂けるように開きます。舌の上に2列のするどい歯があり、エサとなる魚にすいついて舌をおろし金のように前後に動かし、肉をはぎとります（図39）。

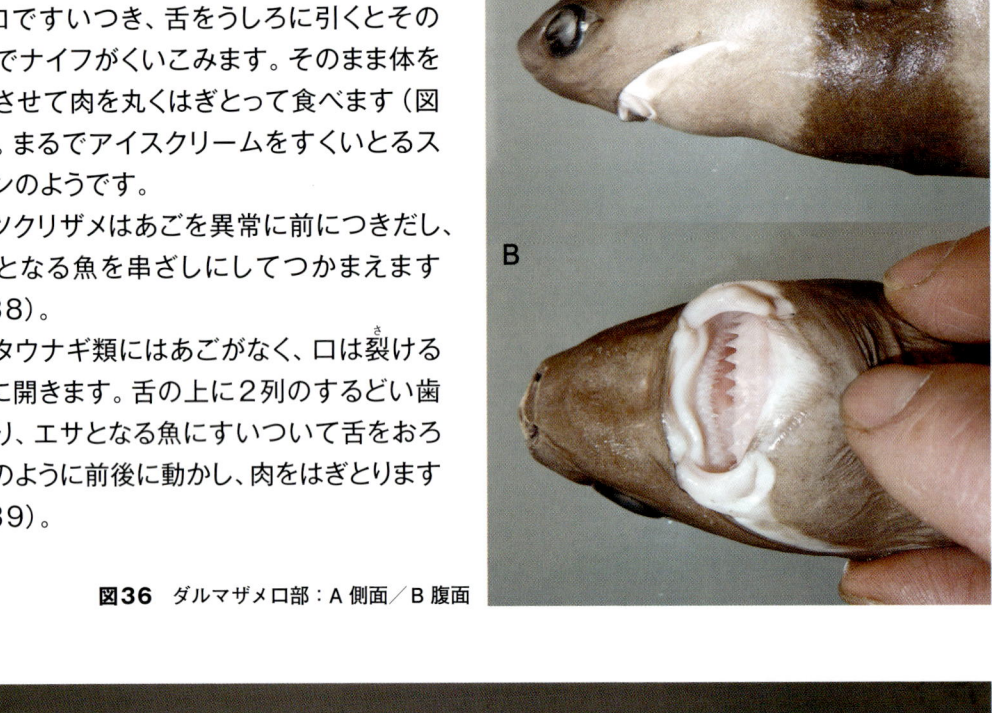

図36　ダルマザメ口部：A 側面／B 腹面

図37　ダルマザメに食べられたサケガシラの傷あと。新しいものから古いものまで見られる（沖縄美ら海水族館の標本　体長251cm）

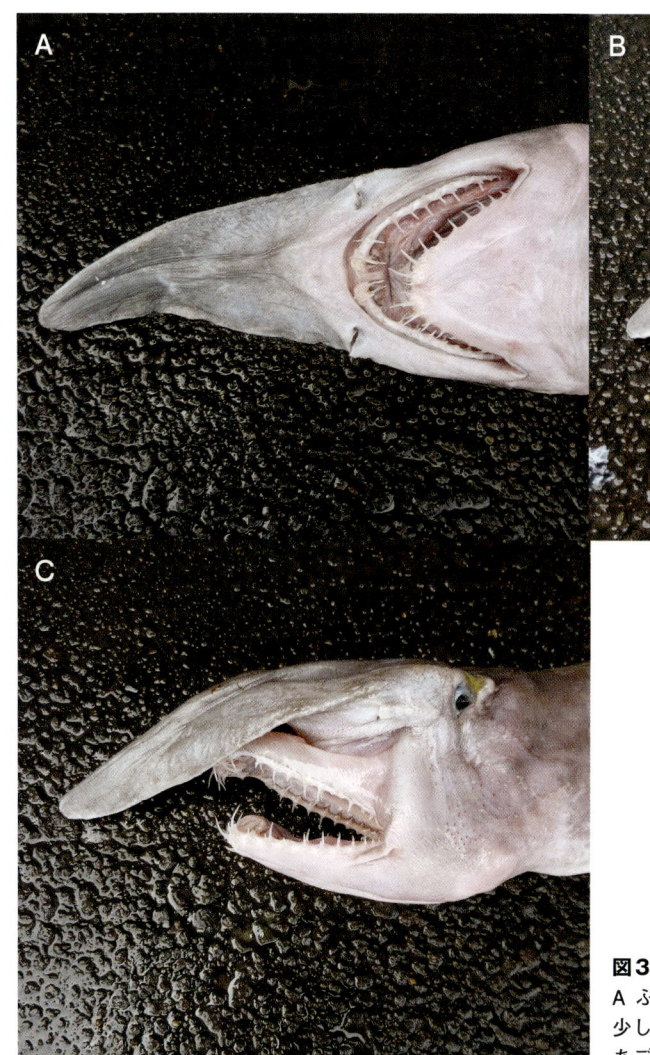

図38 ミツクリザメの口部：A ふつうの状態／B 上あごが少しとびだしたところ／C 上あごが完全にとびだしたところ

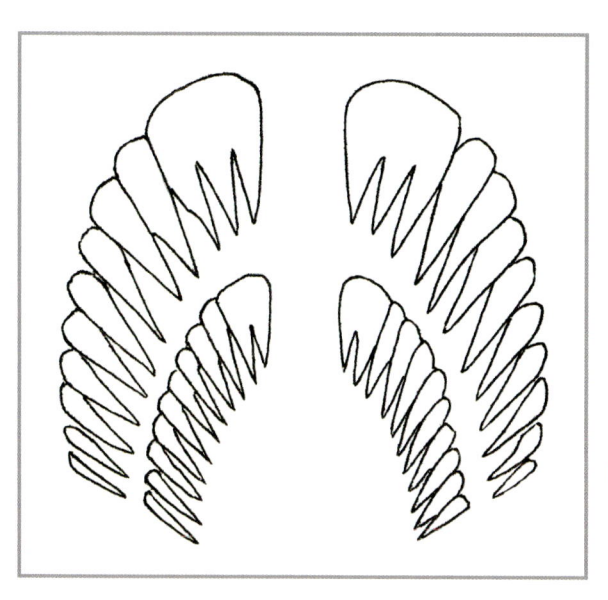

図39 ムラサキヌタウナギの舌の上の歯

深海魚の食事のマナーは？

アイスクリームスプーン式

全長50cm(写真個体)

ダルマザメ
Isistius brasiliensis
ヨロイザメ科

体は潜水艦のような形。口は頭の下面に開く。上あごは小さくて弱く、スパイク状の歯がある。下あごはがんじょうで、するどいノコギリ状の歯がならぶ。

生息深度　85〜3,500m
日本分布　日本各地
世界分布　世界中の温帯・熱帯海域

串ざし式

全長136cm(写真個体)

ミツクリザメ
Mitsukurina owstoni
ミツクリザメ科

頭の前部はとてもうすい板のようで、前に長くつきだす。口はその下に開き、かみつくときにとびだす。歯は細長く、少し内側にまがる。ソコダラ類、ワニトカゲギス類、エビ・カニ類などを食べる。

生息深度　400〜730m
日本分布　相模湾、駿河湾、熊野灘、土佐湾
世界分布　太平洋、インド洋、スリナムなど

おろし金式

全長57.5cm(写真個体)

ムラサキヌタウナギ
Eptatretus okinoseanus
ヌタウナギ科

体はヌルヌルしている。眼は皮ふの下にうまる。口のまわりに4対のヒゲがある。

生息深度　200〜400m
日本分布　南日本

(6) ふくらむ胃 VS 長くとびだした腸

　アンコウは大きな口で海鳥を食べることが知られていますが、深海魚にはもっとすごい大食らいもいます。フウセンウナギやクロボウズギスの仲間は有名です。ミツマタヤリウオも大きな魚を食べていることがわかりました。

　彼らは自分の胃袋よりも大きな魚を丸飲みして、おなかをパンパンにふくらませます。たまに、おなかがふくらみすぎて、食べた魚が外から見える状態でとれることがあります。おなかの筋肉は弾力があり、ふつう破れることはありません。

　ホテイエソ類、ホウキボシエソ類、ハダカイワシ類、アシロ類、ダルマガレイ類などの子どものなかには、親の姿を想像できないほど腸が長くとびだしたものがいます。腸の表面積を広くすることで、いろいろなエサを消化し、吸収する効率を高めています。

深海魚の食事のマナーは？

ふくらむ胃

＜食事前＞

体長12.6cm（写真個体）

＜食事後＞

体長3.5cm（写真個体）

クロボウズギス
Pseudoscopelus sagamianus
クロボウズギス科

200m〜6,000m

口は大きく、眼のはるかうしろまで開く。吻は長くてとがる。胸鰭は長く、第2背鰭の始部を越える。

生息深度　1,000mより浅いところ
日本分布　南日本の太平洋沖

ミツマタヤリウオ
Idiacanthus antrostomus
ミツマタヤリウオ科
解説→P.150

＜食事前＞

＜食事後＞
食べた魚が外から透けて見えている

フウセンウナギ
Saccopharynx ampullaceus
フウセンウナギ科
解説→P.34

長くとびだした腸

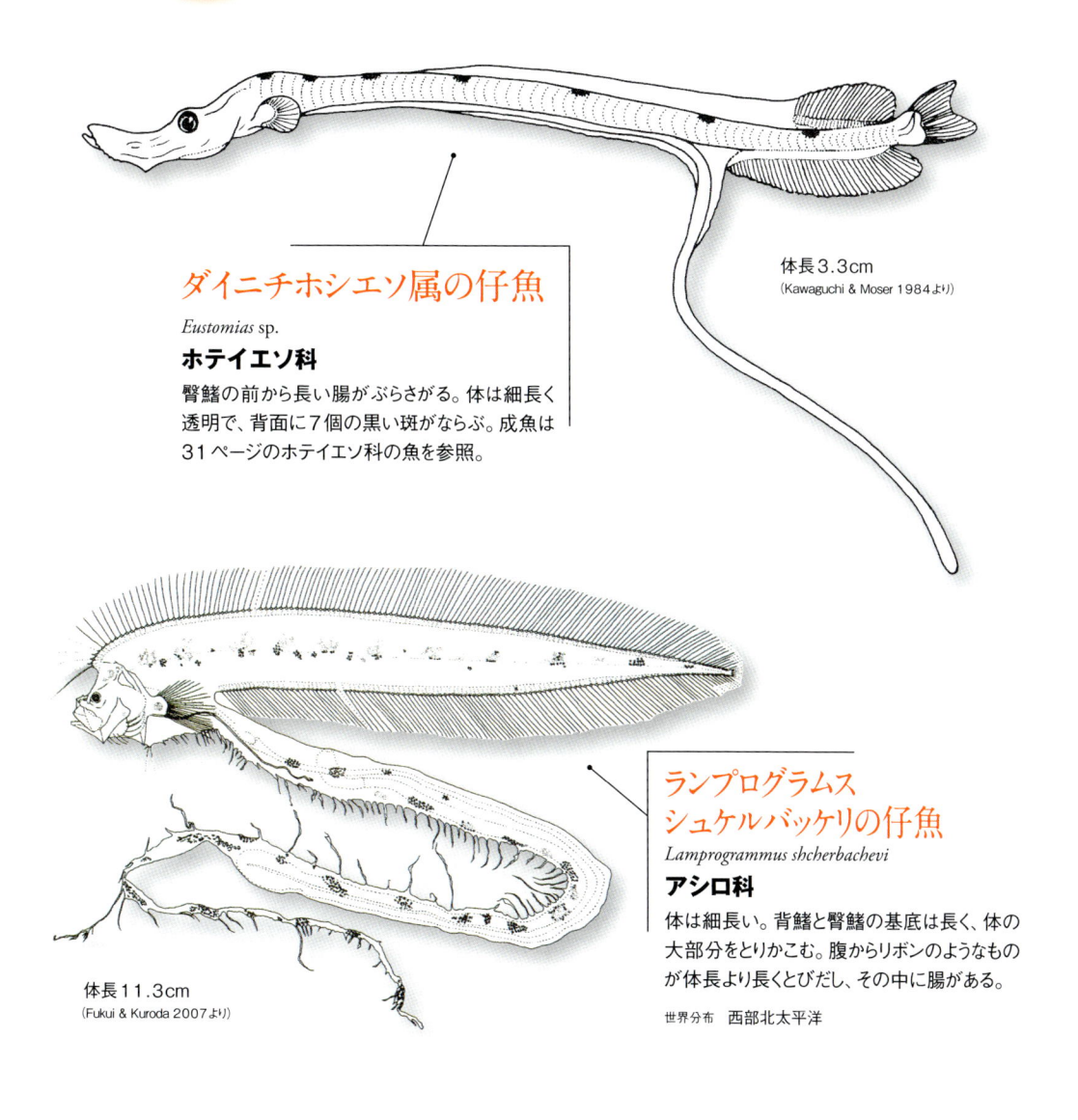

深海魚の食事のマナーは？

体長3.3cm
（Kawaguchi & Moser 1984より）

ダイニチホシエソ属の仔魚
Eustomias sp.
ホテイエソ科

臀鰭の前から長い腸がぶらさがる。体は細長く透明で、背面に7個の黒い斑がならぶ。成魚は31ページのホテイエソ科の魚を参照。

体長11.3cm
（Fukui & Kuroda 2007より）

ランプログラムス シュケルバッケリの仔魚
Lamprogrammus shcherbachevi
アシロ科

体は細長い。背鰭と臀鰭の基底は長く、体の大部分をとりかこむ。腹からリボンのようなものが体長より長くとびだし、その中に腸がある。

世界分布　西部北太平洋

ランプログラムス シュケルバッケリの成魚

前鰓蓋の角に約6本の強いトゲがあり、鰓蓋の下のトゲはクシのようである。

生息深度　1,000mより浅いところ
世界分布　西部北太平洋、南東部太平洋、
　　　　　南東部インド洋、大西洋の赤道域

体長103cm
（Cohen & Rohr 1993より）

055

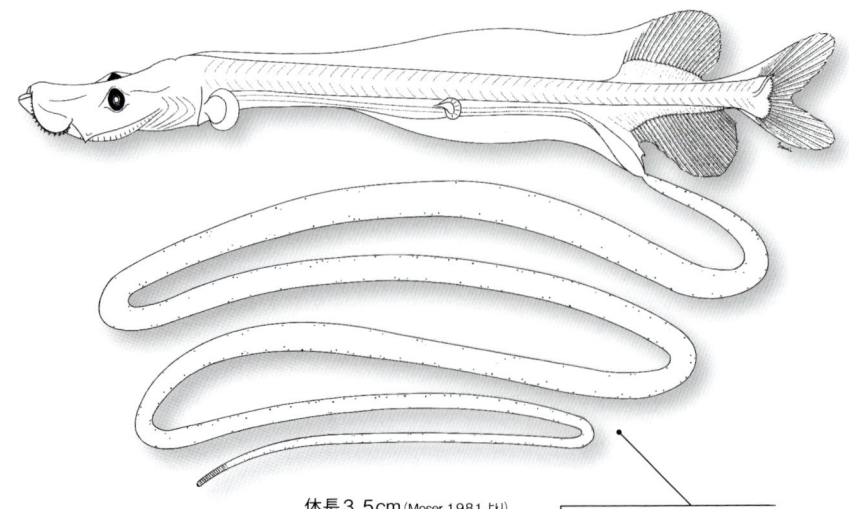

体長3.5cm(Moser 1981より)

ホウキボシエソ科の一種の仔魚
Malacosteidae sp.
ホウキボシエソ科

臀鰭の前から長い腸がとびだし、その長さは体長の約5倍にもなる。体はほぼ透明で、細長い。成魚は日本で3種が見つかっている。成魚は45ページを参照。

世界分布　世界中の温帯〜熱帯海域に広く分布する

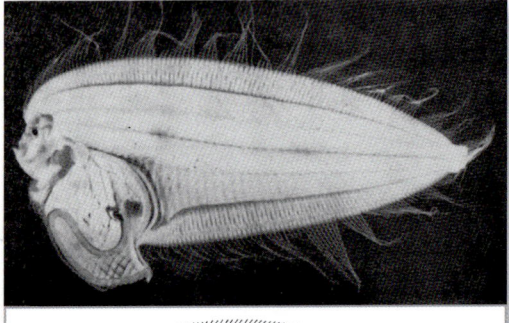

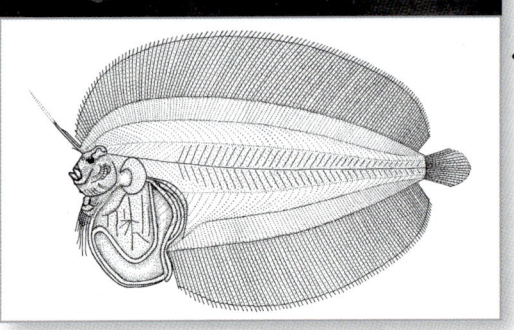

ザラガレイの仔魚
Chascanopsetta lugbris lugbris
ダルマガレイ科

体はうすくて、半透明。背鰭と臀鰭は長い。腹部は外側へ張りだし、その中に長い腸が巻いている。

日本分布　沖縄県宮古島沖(採集地)

体長12cm(写真個体)
(Amaoka 1971より)

ザラガレイの成魚

体はうすくてやわらかい。口は大きい。眼は小さく、頭の前端近くにある。

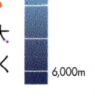

生息深度　200〜600m
日本分布　南日本
世界分布　太平洋、インド洋

体長26.3cm(写真個体)

04 どうやってエサを見つけるの？

（1）サーチライトでエサを探す

　ムラサキホシエソやシロヒゲホシエソなどのホテイエソ類や、カンテントカゲギスの仲間は、眼の下にある大きな三角形の発光器から白や赤の光を出します（図40）。白い光は前を照らしてエサを探すのに使い、赤い光は暗やみの中でとくに青や緑の魚を見つけるのに役立ちます。

　ホウキボシエソ類のオオクチホシエソは眼の下の大きな発光器から赤い光を、眼のうしろの発光器から青い光を出します。青い光は遠くまでとどきます。

図40　ムラサキホシエソのヘッドライト
（仲谷一宏・阿部拓三氏提供）

図41　オオクチホシエソの眼の下のヘッドライトの断面図
（Denton et al. 1985より略写）

フィルター
発光細胞
反射板

シロヒゲホシエソ
Melanostomias melanops
ホテイエソ科

眼のうしろに三角形の発光器がある。下あごのヒゲは白くて長く、先にある長楕円形の発光器の先から糸のようなものが伸びる。体の腹面にたくさんの小さい発光器がならぶ。

生息深度　300〜500m
日本分布　九州・パラオ海嶺
世界分布　太平洋、インド洋、大西洋

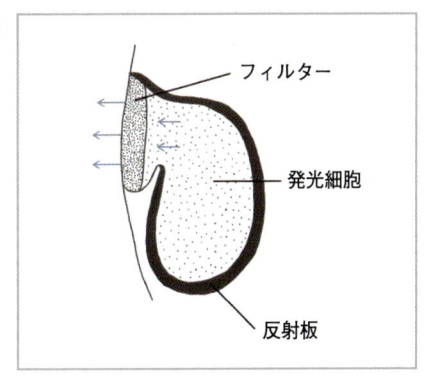

体長28cm（写真個体）

深海魚の食事のマナーは？

体長20.4cm (写真個体)

カリブカンテントカゲギス
Melanostomias macrophotus
ホテイエソ科

200m
6,000m

眼のうしろの下に三角形の大きな発光器がある。ヒゲは長く伸び、先に発光器がある。体の腹側面にたくさんの小さい発光器がならぶ。

生息深度　530～945m
世界分布　大西洋のカリブ海からスリナム

ホウキボシエソ
Photostomias liemi
ホウキボシエソ科
解説→P.45

オオクチホシエソ
Malacosteus niger
ホウキボシエソ科
解説→P.45

体長6.8cm (写真個体)

第2章

058

体長73.4cm (写真個体)

クレナイホシエソ
Pachystomias microdon
ホテイエソ科
体は少し太くて短い。眼の下に大きな三日月形の発光器がある。ヒゲは細長い。背鰭と臀鰭は体の後端にあり、ほぼ同じ形で、同じ位置から始まる。

生息深度　250〜800m
日本分布　九州・パラオ海嶺、小笠原諸島海域
世界分布　太平洋、大西洋の熱帯〜亜熱帯海域

マルギンガエソ
Bathophilus brevis
ホテイエソ科
解説→P.75

体長19.9cm (写真個体)
(山本みつ美ほか2011より)

ナミダホシエソ
Melanostomias pollicifer
ホテイエソ科
眼のうしろに三角形の発光器がある。下あごのヒゲの後部の3分の1は肥大する。先に楕円形の発光器があり、その先から先のとがった突起が伸びる。体の腹面にたくさんの小さい発光器がならぶ。

生息深度　350〜5,511m
日本分布　岩手県、九州・パラオ海嶺、小笠原諸島近海
世界分布　西部太平洋、インド洋の熱帯〜亜熱帯海域

ホソギンガエソ
Bathophilus pawneei 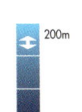
ホテイエソ科
眼のうしろの下に楕円形の発光器がある。ヒゲはとても長く、体長とほぼ同じ長さ。腹鰭は体の中央の水平線より上につく。胸鰭の軟条は2本。

生息深度　200〜700m
日本分布　小笠原諸島近海と黒潮海域
世界分布　西部太平洋、西大西洋

深海魚の食事のマナーは？

059

(2) 大きな眼 VS 小さな眼

　暗やみの中でエサとなる発光魚の光を見つけたり、仲間から出るわずかな光を感じるために、眼を大きく発達させた深海魚がいます。逆に、眼は必要ないため、退化させた深海魚もいます。同じクサウオ類の仲間でも、オオバンコンニャクウオのように小さな眼をもつものと、シロヒゲコンニャクウオのように大きな眼をもつものがいます。

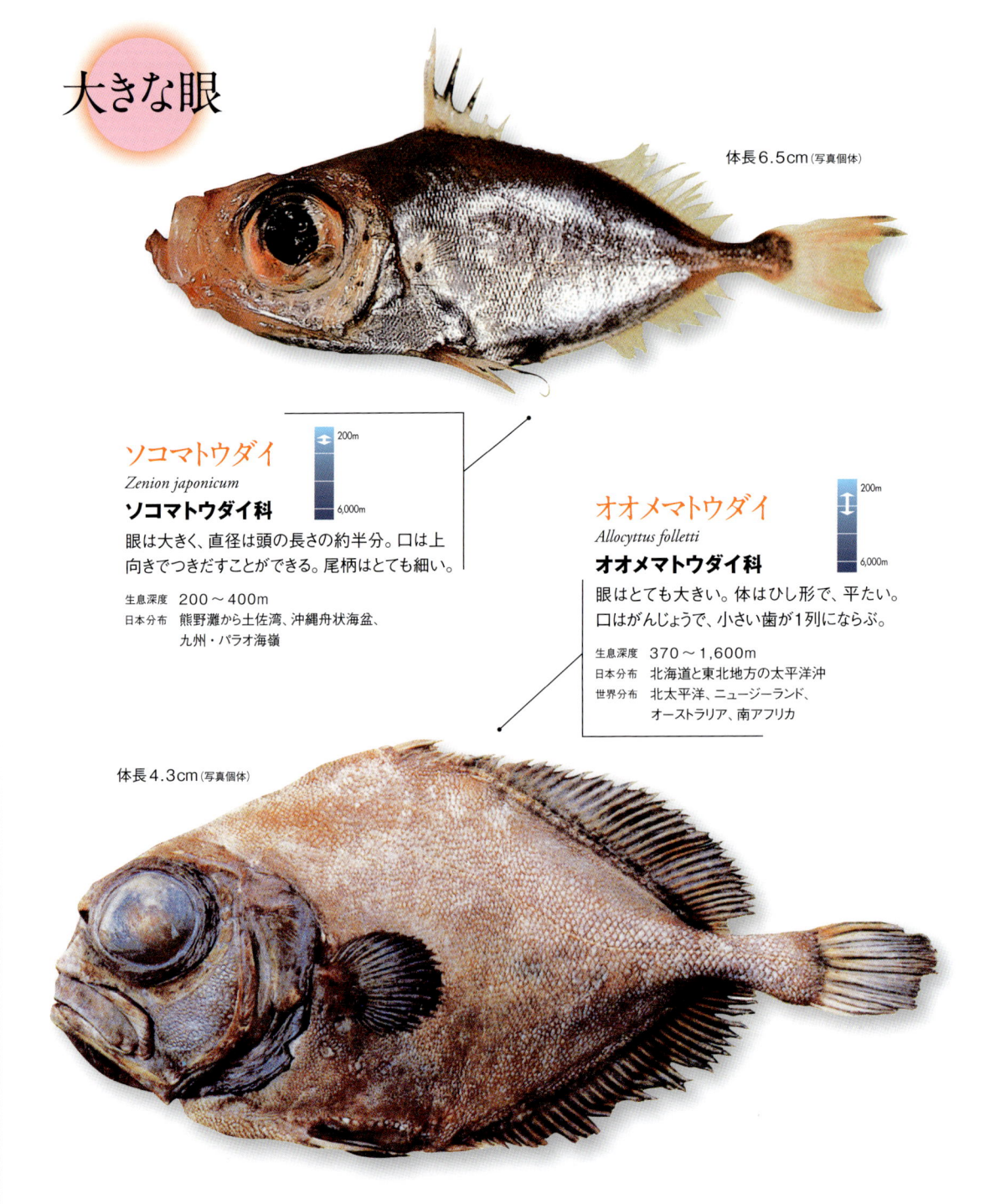

大きな眼

体長6.5cm（写真個体）

ソコマトウダイ
Zenion japonicum
ソコマトウダイ科

眼は大きく、直径は頭の長さの約半分。口は上向きでつきだすことができる。尾柄はとても細い。

生息深度　200〜400m
日本分布　熊野灘から土佐湾、沖縄舟状海盆、
　　　　　九州・パラオ海嶺

オオメマトウダイ
Allocyttus folletti
オオメマトウダイ科

眼はとても大きい。体はひし形で、平たい。口はがんじょうで、小さい歯が1列にならぶ。

生息深度　370〜1,600m
日本分布　北海道と東北地方の太平洋沖
世界分布　北太平洋、ニュージーランド、
　　　　　オーストラリア、南アフリカ

体長4.3cm（写真個体）

体長13cm（写真個体）
（篠原現人氏提供）

ギンザケイワシ
Nansenia ardesiaca
ソコイワシ科

眼はとても大きく、頭の大部分を占める。体は円筒形で、やわらかい。口は小さい。上あごに歯がなく、下あごの歯が長い。鱗ははがれやすい。

生息深度　300～1,000m
日本分布　相模湾以南
世界分布　東南アジア、南アフリカ

体長6cm（写真個体）
（今村央氏提供）

シロヒゲコンニャクウオ
Rhinoliparis barbulifer
クサウオ科

体はうしろに向かってだんだんと細くなる。眼はとても大きい。鰓孔は小さく、胸鰭の上に開く。

生息深度　250～1,050m
日本分布　茨城県沖から北海道
世界分布　オホーツク海、ベーリング海を経てカリフォルニア沖

トゲクシスミクイウオ
Howella zina
クシスミクイウオ科

眼は大きい。頭の後部にたくさんの強いトゲがある。2つの背鰭はかなりはなれている。胸鰭は長く、臀鰭の後端近くまで伸びる。

生息深度　300～400m
日本分布　九州・パラオ海嶺、日本の南方海域

体長9.2cm（写真個体）

深海魚の食事のマナーは？

061

小さな眼

体長16.6cm（写真個体）

ホソミクジラウオ
Cetostoma regani
クジラウオ科

眼はとても小さい。体は腹部が低く、背鰭と臀鰭の前部が高い。口は大きく、歯はヤスリ状。

生息深度　1,190m付近
日本分布　青森県の太平洋沖
世界分布　大西洋

ソコクジラウオ属の一種
Vitiaziella sp.
クジラウオ科

解説→P.187

体長143cm（写真個体）

イレズミコンニャクアジ
Icosteus aenigmaticus
イレズミコンニャクアジ科

眼は小さい。眼と眼の間は平たい。体はやわらかい。頭は前へつきだす。体に鱗がない。

生息深度　1,000m付近
日本分布　北日本
世界分布　北太平洋

オオバンコンニャクウオ
Squaloliparis dentatus
クサウオ科

眼はとても小さく銀白色。体はブヨブヨした皮ふでおおわれる。両あごにナイフのような歯が1列にならぶ。腹吸盤は大きく、頭の長さの半分以上ある。

生息深度　120〜750m
日本分布　北海道のオホーツク海
世界分布　カムチャッカ半島の西岸

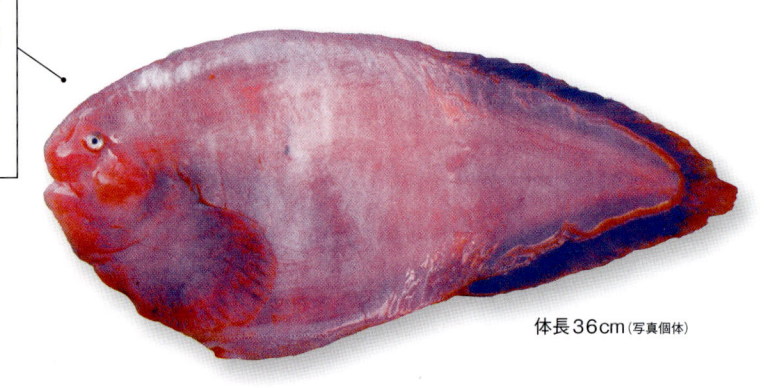

体長36cm（写真個体）

第2章

062

(3) 無眼 VS 望遠鏡眼

　チョウチンハダカ科のバシミクロプス レギスは眼がなく、そこは鱗でおおわれています。同じ科のチョウチンハダカも眼がなく、網膜だけが異常に発達し、写真フィルムのように発光生物が出す光だけを感じることができます（図42）。

　デメニギス類、ボウエンギョ、スタイルフォルスなどは、遠くのエサを探すための、筒状にとびだした望遠鏡のような眼をもっています。デメニギスの眼は頭の背面にあり、そこは飛行機のコックピットのような透明なカプセルになっています。その操縦席にあたるところに望遠鏡のような眼があり、エサを探したりとらえたりするときに、眼の向きを上から前へ回転させることができます（図43・44）。

図42　チョウチンハダカの頭の背面

図43　デメニギスの眼の方向の変化：A 上向き／B 前向き
（Robison & Reisenbichler 2008 より）

眼が前を向く

透明なカプセル状になった頭の背面

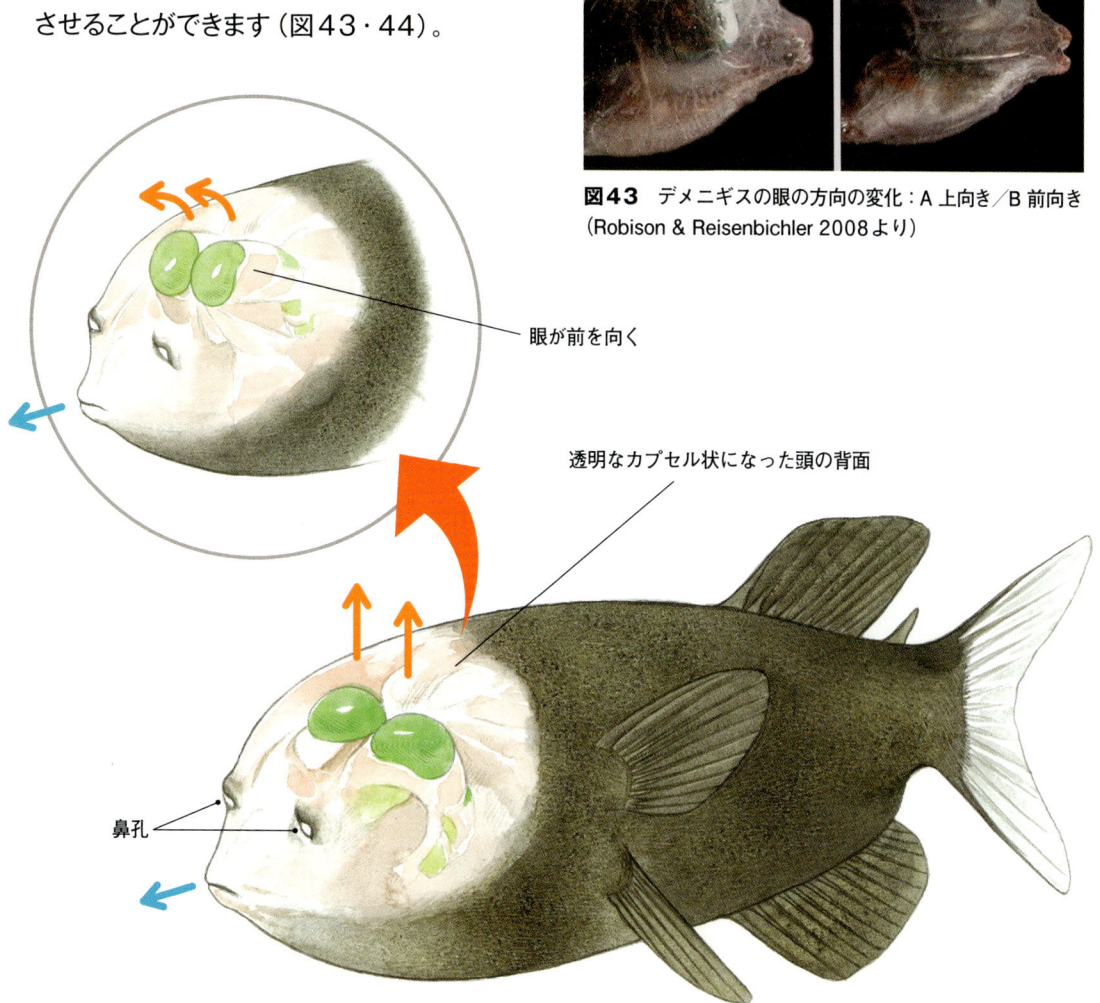

鼻孔

図44　デメニギスの眼の動き

深海魚の食事のマナーは？

063

無眼

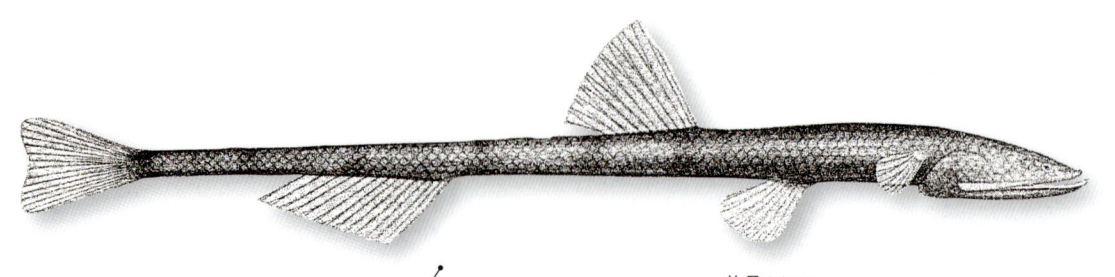

体長11cm
(Koefoed 1927より)

バシミクロプス レギス
Bathymicrops regis
チョウチンハダカ科

眼は痕跡的で、鱗でおおわれる。体は細長い。頭の背面は平たい。口は大きく、頭の後端近くまで開く。

生息深度　4,255〜5,250m
世界分布　中部大西洋、アフリカの南西部沖

体長9.1cm (写真個体)

チョウチンハダカ
Ipnops murrayi
チョウチンハダカ科

体は細長い。頭は上下に平たい。眼がない。両あごの歯は細かく、ヤスリ状で、前部に歯がない。

生息深度　1,500〜3,500m
世界分布　大西洋

望遠鏡眼

体長11cm（写真個体）（藤井英一氏提供）

<背面>

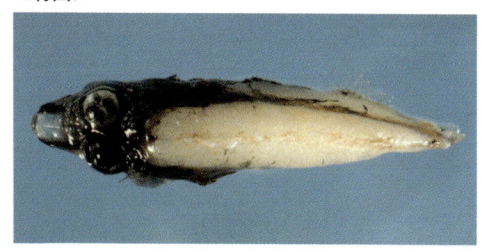

デメニギス
Macropinna microstoma
デメニギス科 

眼は頭の背面にあり、大きな筒状で、上を向く。体は短くて、高い。背鰭と臀鰭は体の後部にある。

生息深度　400〜800m
日本分布　東北地方の太平洋
世界分布　北太平洋

クロデメニギス
Winteria telescopa 
デメニギス科

体は円筒形。眼は大きく、管状で、前へつきだす。眼と眼の間はせまい。吻は長くて、透明。両あごには歯がない。胸鰭は水平につく。

生息深度　100〜3,000m
日本分布　琉球列島、小笠原諸島海域
世界分布　太平洋、インド洋、大西洋の温暖海域

体長5.1cm（写真個体）

ヨツメニギス
Rhynchohyalus natalensis 
デメニギス科

眼は管状で上を向く。体は短い。吻はつきだして、とがる。体の後半部に3個の大きな黒い斑がある。

生息深度　1,000〜3,000m
日本分布　小笠原諸島海域
世界分布　太平洋、大西洋の温暖海域

体長4.4cm（写真個体）

ヒナデメニギス
Dolichopteryx minuscula 
デメニギス科

眼は管状で、上を向く。体は細長い。吻は長くつきだす。体の腹部の縁にそって黒い斑がならぶ。

生息深度　200〜700m
日本分布　鹿島灘、小笠原諸島海域
世界分布　西部北太平洋の温暖海域

体長6.1cm（写真個体）

深海魚の食事のマナーは？

065

ボウエンギョ
Gigantura chuni
ボウエンギョ科

眼は望遠鏡のようで、前を向く。体は円筒形。胸鰭は水平につく。尾鰭の下葉はかなり伸びる。皮ふはやわらかく、発光器や鱗がない。

生息深度　3,500mより浅いところ
世界分布　大西洋の温帯・熱帯海域

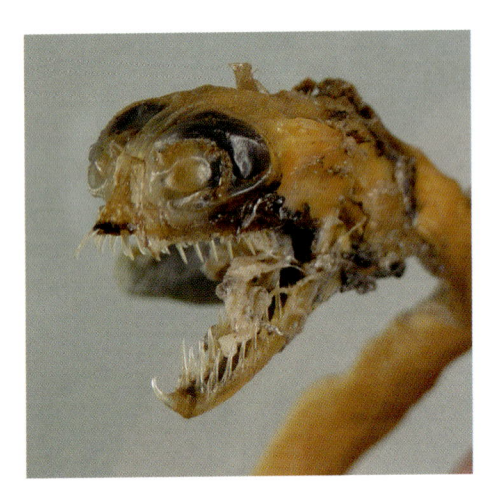

体長17cm(写真個体)

ボウエンギョの望遠鏡のような眼

スタイルフォルス コルダタス
Stylephorus chordatus
スタイルフォルス科
解説→P.43

スタイルフォルス コルダタスの望遠鏡のような眼

（4）つきでた眼 VS 上向きの眼

　ミツマタヤリウオやヒカリハダカなどのハダカイワシ類、ネッタイソコイワシなどのソコイワシ類の子どもたちは、まるでカニの眼のように、つきだした長い柄(え)の先に眼があります（図45）。このような眼は、エサとなる小さなプランクトンを見つけるのに役立ちます。成長するにつれてこの柄は短くなり、なくなります。

　ヤリエソ類やムネエソ類の上向きの眼は、上にいるエサを見つけるのにすぐれています（図46）。また、ムネエソ類は腹部の発光器から出る光を感知(かんち)して、上にいる仲間を見分けるのにも使います。

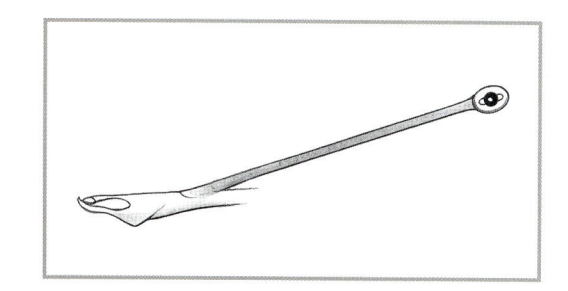

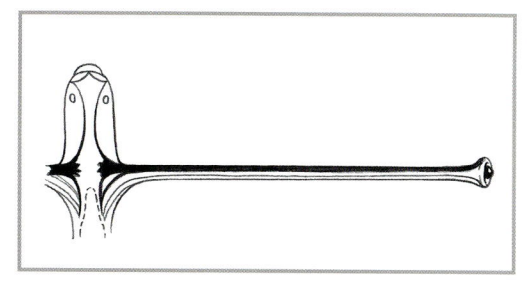

図45　ミツマタヤリウオの子どもの眼
（Beebe 1934より略写）

図46　トガリムネエソの上向きの眼

深海魚の食事のマナーは？

つきでた眼

体長4.1cm（写真個体）

ミツマタヤリウオの仔魚
Idiacanthus antrostomus
ミツマタヤリウオ科

眼は長い柄の先にある。体は細長く、ほぼ透明。口は小さく、小さい歯がある。腸の後端部は臀鰭の前からとびだし、尾鰭よりも長く伸びる。体長4〜5cmになると眼の柄が縮んで、眼が定位置におさまる。この仔魚が発見されたときに、あまりにも変な姿だったので、新属新種として発表された。成魚は150ページを参照。

日本分布　北海道以南と小笠原諸島近海
世界分布　北太平洋の温帯域

ネッタイソコイワシの仔魚
Melanolagus bericoides
ソコイワシ科

頭のてっぺんからじょうぶな柄がとびだし、先端に眼がある。体はほぼ透明。成魚は眼が大きく、頭の前端にある。鱗ははがれやすい。背鰭は小さく、体の中ほどにある。

日本分布　宮古島、小笠原諸島海域
世界分布　太平洋、大西洋の熱帯・亜熱帯海域

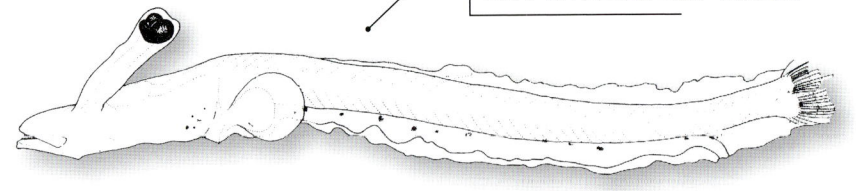

体長1.8cm (Ahlstrom et al 1984より)

＜成魚＞

体長14.2cm（写真個体）

068

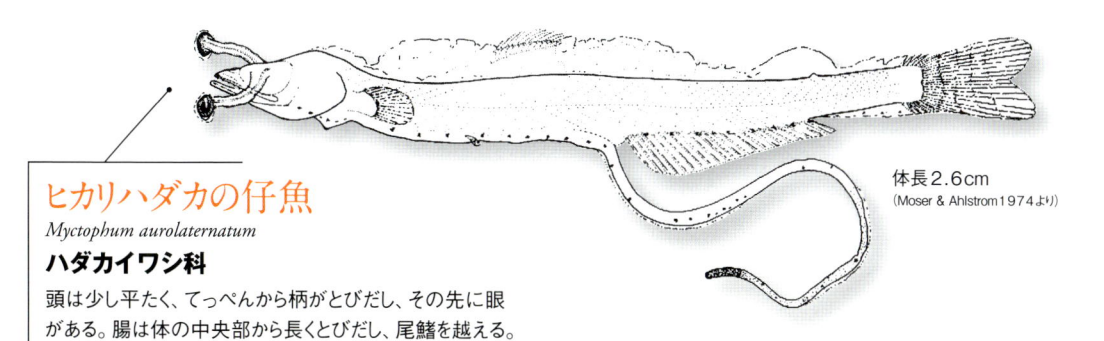

ヒカリハダカの仔魚
Myctophum aurolaternatum
ハダカイワシ科
頭は少し平たく、てっぺんから柄がとびだし、その先に眼がある。腸は体の中央部から長くとびだし、尾鰭を越える。

日本分布　熊野灘と土佐湾
世界分布　太平洋、インド洋の熱帯海域

体長2.6cm
(Moser & Ahlstrom1974より)

深海魚の食事のマナーは？

上向きの眼

テンガンムネエソ
Argyropelecus hemigymnus
ムネエソ科
解説→P.116

トガリムネエソ
Argyropelecus aculeatus
ムネエソ科
解説→P.118

テオノエソ
Argyropelecus sladeni
ムネエソ科
解説→P.118

体長30.5cm (写真個体)

デメエソ
Benthalbella linguidens
デメエソ科

頭は小さい。眼は大きくて上を向き、少し筒状になっている。体の中央に太い側線が走る。

生息深度　1,095〜1,220m
日本分布　東北地方太平洋沖、小笠原諸島近海
世界分布　北太平洋

テンガンヤリエソ
Evermannella bulbo
ヤリエソ科
解説→P.154

ヤリエソ
Coccorella atlantica
ヤリエソ科

吻は丸くとびだす。眼は少し筒状で斜め上を向く。口は大きく、眼のうしろまで開く。口の前部に犬歯があり、数本はキバ状である。

生息深度　500〜1,000m
日本分布　駿河湾、小笠原諸島海域、沖ノ鳥島周辺海域
世界分布　世界の亜熱帯海域

デメニギス
Macropinna microstoma
デメニギス科
解説→P.65

体長7.1cm(写真個体)

ミカエルデメエソ
Scopelarchus michaelsarsi
デメエソ科

頭は小さい。眼は大きくて上を向き、少し筒状になっている。胸鰭は黒い。

生息深度　中深層
日本分布　琉球列島太平洋沖、小笠原諸島海域
世界分布　世界の熱帯海域

200m
6,000m

体長15cm(写真個体)

深海魚の食事のマナーは？

(5) パラボラアンテナ式 VS ロッドアンテナ式

　イトヒキイワシ属の魚は三脚魚とよばれています。長い1対の腹鰭と尾鰭を三脚のように広げて、海底に立つことができるからです。
　この仲間のナガヅエエソは、三脚で立って、長い胸鰭をパラボラアンテナのように流れに向かっていっぱいに広げ、やってくるエサを待ちます（図47）。
　リュウグウノツカイはスプーン状になった長い腹鰭の先で、トカゲハダカ科、ホテイエソ科、ホウキボシエソ科、オニアンコウ科などは下あごから出ている長いヒゲの先で、エサを感知します（図48）。

図47　胸鰭を広げてエサを待つナガヅエエソ（海洋研究開発機構提供）

図48　A リュウグウノツカイの腹鰭／B ニシオニアンコウのヒゲ

パラボラアンテナ式

ナガヅエエソ
Bathypterois guentheri
チョウチンハダカ科

体は細長く、頭はやや平たい。胸鰭の7本の軟条が糸のように長く伸びる。腹鰭の両外側の1本と尾鰭の下の2本の軟条は長く伸びて、ほかのものより太い。

生息深度　500〜1,000mの海底
日本分布　相模湾以南
世界分布　南シナ海、インド洋

体長20.8cm（写真個体）

ロッドアンテナ式

体長21.6cm（写真個体）

ヤリホシエソ属の一種
Leptostomias sp.
ホテイエソ科

体はとても細長い。下あごのヒゲは白く、腹鰭の基部を越えてとても長く伸びる。眼のうしろの下に細長い発光器がある。

生息深度　200m付近
日本分布　東北地方の太平洋

深海魚の食事のマナーは？

リュウグウノツカイ
Regalecus russelii
リュウグウノツカイ科

200m
6,000m

体はリボン状。腹鰭は左右側面に1本ずつあり、長く、先端はオールのように平たい。背鰭の基底は頭のてっぺんから尾鰭まで伸びる。臀鰭はない。

生息深度　沖合の中深層、まれに沿岸に漂着する
日本分布　北海道以南
世界分布　北太平洋、インド洋

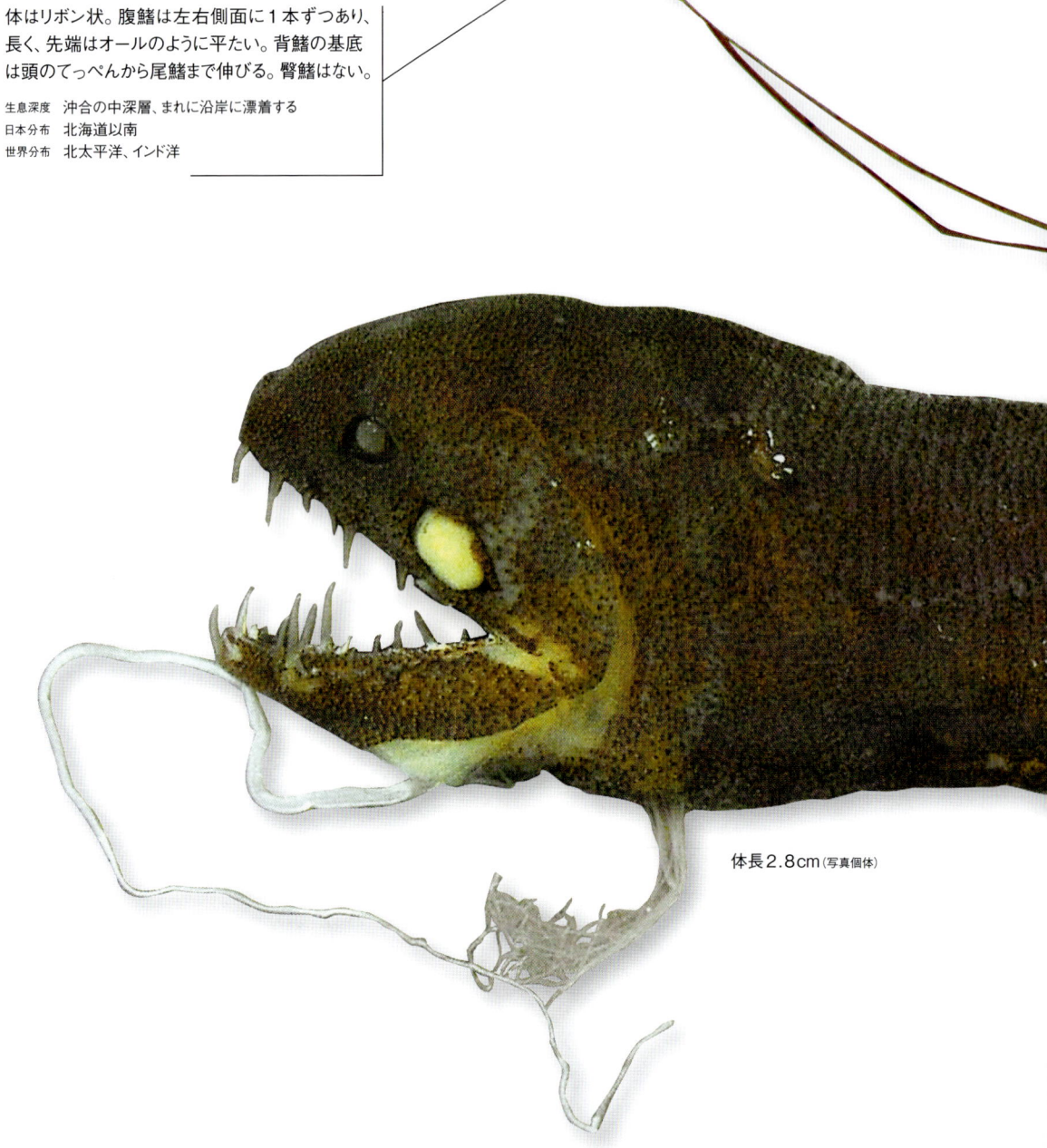

体長2.8cm(写真個体)

体長220cm(写真個体)

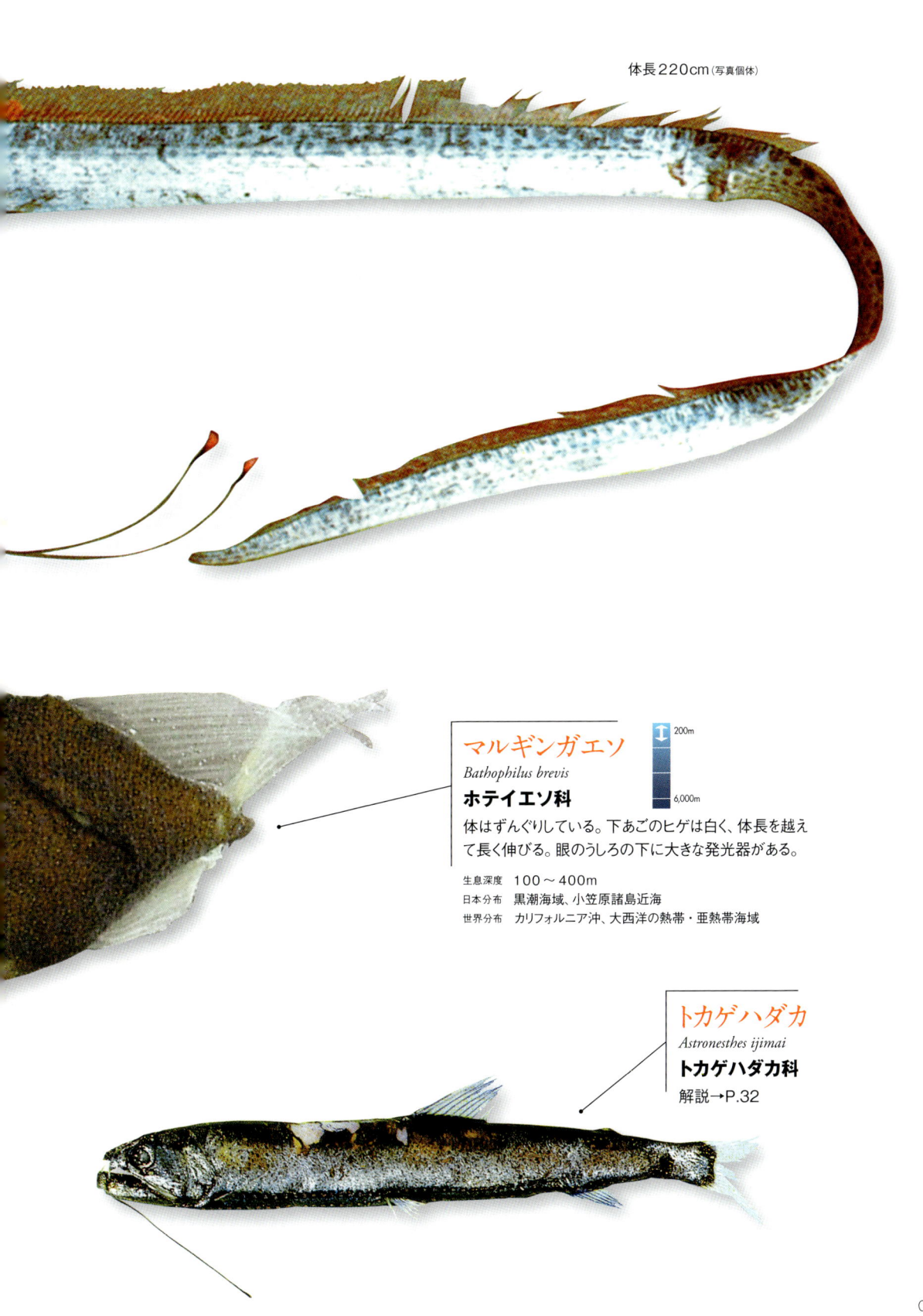

深海魚の食事のマナーは？

マルギンガエソ
Bathophilus brevis
ホテイエソ科

200m〜6,000m

体はずんぐりしている。下あごのヒゲは白く、体長を越えて長く伸びる。眼のうしろの下に大きな発光器がある。

生息深度　100〜400m
日本分布　黒潮海域、小笠原諸島近海
世界分布　カリフォルニア沖、大西洋の熱帯・亜熱帯海域

トカゲハダカ
Astronesthes ijimai
トカゲハダカ科
解説→P.32

075

キングホシエソ
Bathophilus kingi
ホテイエソ科

体は細長い。下あごのヒゲは白く、体長と同じくらいまで伸びる。眼のうしろの下に小さい発光器がある。ホソギンガエソに似るが、胸鰭の軟条は4本、腹鰭の軟条は6～7本である。

生息深度	100～500m付近
日本分布	小笠原諸島海域、南大東島海域
世界分布	太平洋

体長7.3cm（写真個体）

ホソギンガエソ
Bathophilus pawneei
ホテイエソ科
解説 ▶P.59

体長6.9cm（写真個体）

第 3 章
深海魚は
どうやって
身を守っているの?

深海ではエサの確保とともに、
敵（てき）から身を守ることも大切です。
深海魚のユニークな防衛方法を見てみましょう。

01 光で体を消す

　ホテイエソ類、ヨコエソ類、ソトオリイワシ類、ハダカイワシ類、ムネエソ類などの代表的な深海魚は体の側面から腹面に1〜数列の発光器（はっこうき）が水平にならんでいます（図49）。

　フジクジラ類は腹面にたくさんの小さな発光器をもっています。発光器から弱い光を出すことで体の輪郭（りんかく）を消し、下にいる敵から見えにくくしています（図50）。

図49 ハダカイワシ類の腹面の発光器

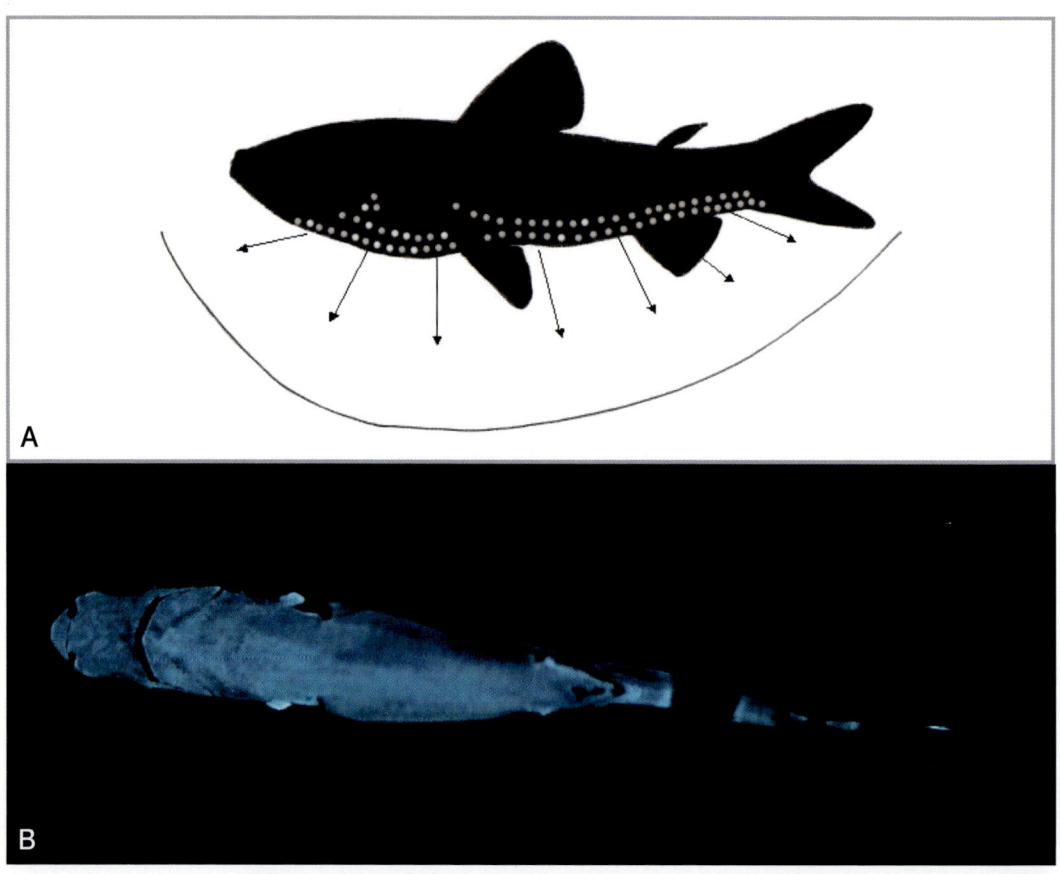

図50 A 体の輪郭をかくす発光／B フトシミフジクジラの腹面の発光（B Mallefet氏提供）

ムラサキホシエソ
Echiostoma barbatum
ホテイエソ科
解説→P.39

体長19.7cm（写真個体）

オオヨエソ
Sigmops elongatus
ヨコエソ科

200m
6,000m

体の腹側面にたくさんの発光器があり、腹面では2列にならぶ。体全体に小さい発光器が散らばる。脂鰭がある（写真では倒れていて見えない）。

生息深度　250～1,200m
日本分布　東北地方以南の太平洋岸
世界分布　世界の熱帯・亜熱帯海域

シチゴイワシ
Neoscopelus porosus
ソトオリイワシ科

200m
6,000m

腹鰭と臀鰭の間の体の側面と腹面に3列、臀鰭の始部から尾柄までの間に2列の銀白色の発光器がある。

生息深度　200～500m
日本分布　駿河湾から土佐湾

体長4.5cm（写真個体）（篠原現人氏提供）

コヒレハダカ
Stenobrachius leucopsarus
ハダカイワシ科
解説→P.141

深海魚はどうやって身を守っているの？

079

体長1.9cm(写真個体)

ホシホウネンエソ
Polyipnus matsubarai
ムネエソ科
腹部の縁に10個の発光器がならぶ。臀鰭の上方に11個の発光器がならび、1番目から3番目は上がる。眼は大きく、横を向く。背鰭の前に三角形の骨板がない。

生息深度　100〜400m
日本分布　東北地方太平洋沖以南、九州・パラオ海嶺、小笠原諸島海域
世界分布　西部北太平洋

カタホウネンエソ
Polyipnus stereope
ムネエソ科
腹部の縁に10個の発光器がならぶ。臀鰭の上方に14個の発光器が水平にならぶ。眼は横を向く。後頭部の背面と背鰭の前に三角形の骨板がある。

生息深度　100〜350m
日本分布　相模湾以南、九州・パラオ海嶺、沖縄舟状海盆
世界分布　西部北太平洋

ホシエソ
Valenciennellus tripunctulatus
ムネエソ科
腹面にたくさんの発光器がならぶ。腹面の上の列の発光器と尾部の発光器は小さい群になっていて、尾部には5つの群れがある。

生息深度　中深層
日本分布　相模湾、駿河湾、琉球列島近海、小笠原諸島海域
世界分布　太平洋、大西洋の温帯・熱帯海域

体長3.1cm(写真個体)(藍澤正宏氏提供)

体長2.4cm(写真個体)

トガリムネエソ
Argyropelecus aculeatus
ムネエソ科
解説→P.118

ナガハナハダカ
Centrobranchus chaerocephalus
ハダカイワシ科
解説→P.139

体長16.2cm（写真個体）

レンジュエソ
Margrethia obtusirostra
ヨコエソ科

200m
6,000m

体は高くて短い。腹面にたくさんの大きな発光器が1列にならぶ。

生息深度　中深層
日本分布　小笠原諸島海域
世界分布　太平洋、インド洋、
　　　　　大西洋の熱帯・亜熱帯海域

ネッタイユメハダカ
Diplophos taenia
ヨコエソ科

200m
6,000m

体は細長い。腹面にたくさんの小さい発光器が2列にならぶ。

生息深度　150〜600m
日本分布　東北地方以南
世界分布　太平洋、インド洋、
　　　　　大西洋の熱帯・亜熱帯海域

体長3.3cm（写真個体）

深海魚はどうやって身を守っているの？

081

体長4.0cm（写真個体）

ヨウジエソ
Pollichthys mauli
ギンハダカ科

体は細長い。腹側面にたくさんの小さい発光器がならぶ。臀鰭の基底は長い。眼の前部の下方に1個の発光器がある。

生息深度　1,000mより浅いところ
日本分布　相模湾以南、小笠原諸島海域
世界分布　西部太平洋、大西洋の温帯・熱帯海域

ヤベウキエソ
Vinciguerria nimbaria
ギンハダカ科

腹部に大きな発光器が2列、尾部に1列ならぶ。下あごの前端に2個の小さい発光器がある。

生息深度　中深層
日本分布　本州の中部以南の太平洋
世界分布　太平洋、インド洋、大西洋の温帯・熱帯海域

体長3.3cm（写真個体）

体長5.5cm（写真個体）

ツマリヨコエソ
Gonostoma atlanticum
ヨコエソ科

体の腹面にそって発光器が規則正しく1列にならぶ。腹部にはさらに1列の発光器がある。側線より上には発光器がない。

生息深度　200〜500m
日本分布　相模湾、小笠原諸島近海
世界分布　太平洋、インド洋、大西洋の熱帯〜亜熱帯海域

第3章

体長11.6cm（写真個体）

ヨロイホシエソ
Stomias nebulosus
ワニトカゲギス科

下あごには短いヒゲがあり、先に小さい球状のルアーがある。ルアーの先から2本の糸のようなものが伸びる。体の腹面にたくさんの発光器がならぶ。体に5〜6列の6角形の斑紋がならぶ。

生息深度　中深層
日本分布　鹿島灘〜九州・パラオ海嶺、小笠原諸島近海
世界分布　太平洋、インド洋、大西洋の熱帯・亜熱帯海域

ギントカゲギス
Astronesthes fedorovi
トカゲハダカ科

体は細長く、腹側面に2列の小さい発光器がならぶ。臀鰭のうしろに5個の発光器がある。ヒゲは頭の長さよりも少し長い。背鰭のうしろに大きな脂鰭がある。

生息深度　中深層
日本分布　九州・パラオ海嶺、小笠原諸島海域
世界分布　西部北太平洋

体長11.6cm（写真個体）

フトシミフジクジラ
Etmopterus splendidus
カラスザメ科

小型のサメ類で、ほかのフジクジラ類に比べて体は少しずんぐりし、第1背鰭と第2背鰭は前にある。体の腹面と背面の中央部、尾部などにたくさんの発光器がある。

生息深度　120〜210m
日本分布　沖縄、東シナ海、ジャワ海

全長約38cm（写真個体）（Mallefet氏提供）

深海魚はどうやって身を守っているの？

02 墨や発光液でおどろかせる

　イカのように墨を出す魚を知っていますか？　深海魚のアカナマダです。敵におそわれたとき、鰾の空気でインクの入った袋を押さえて、肛門から墨をふきだします（図51）。チョウチンアンコウ類はルアーから、ソコダラ類は肛門近くの発光器からまぶしい発光液を出します（図52）。ミツクリエナガチョウチンアンコウは背鰭の前に3個の大きなコブをもち（図53）、そこからも発光液を出すことができます。コブは体長1.5cmほどの小さい個体にも見られます（P.86写真参照）。

　墨も発光液も敵をおどろかせて、そのすきに逃げるためのものです。

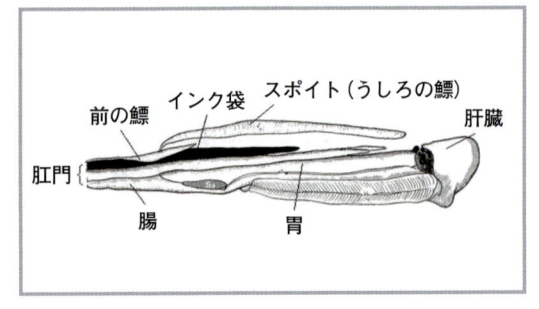

図51　アカナマダのインクの袋（本間・水沢1981より）

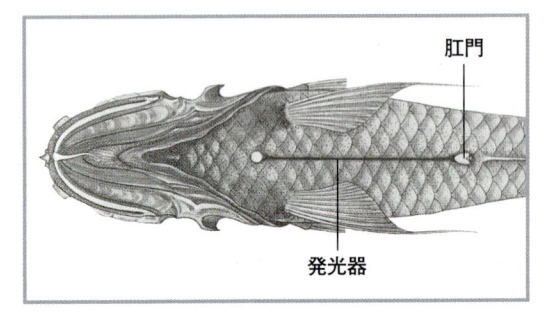

図52　ソコダラ類スジダラの肛門の前にある発光器と肛門（Okamura1970より）

図53　ミツクリエナガチョウチンアンコウのコブとコブの拡大

図54　グリーンランドチョウチンアンコウのルアー

スベスベラクダアンコウ
Chaenophryne longiceps
ラクダアンコウ科

200m
6,000m

体は球形で、スベスベしている。口は水平に開く。頭のてっぺんから短いサオが出る。先端のルアーは球形で、前、中央、うしろから突起が出る。体の後端近くに小さい背鰭と臀鰭がある。

生息深度	479～1,174m
日本分布	岩手県の太平洋
世界分布	世界の主要な海洋

体長19cm（写真個体）

深海魚はどうやって身を守っているの？

085

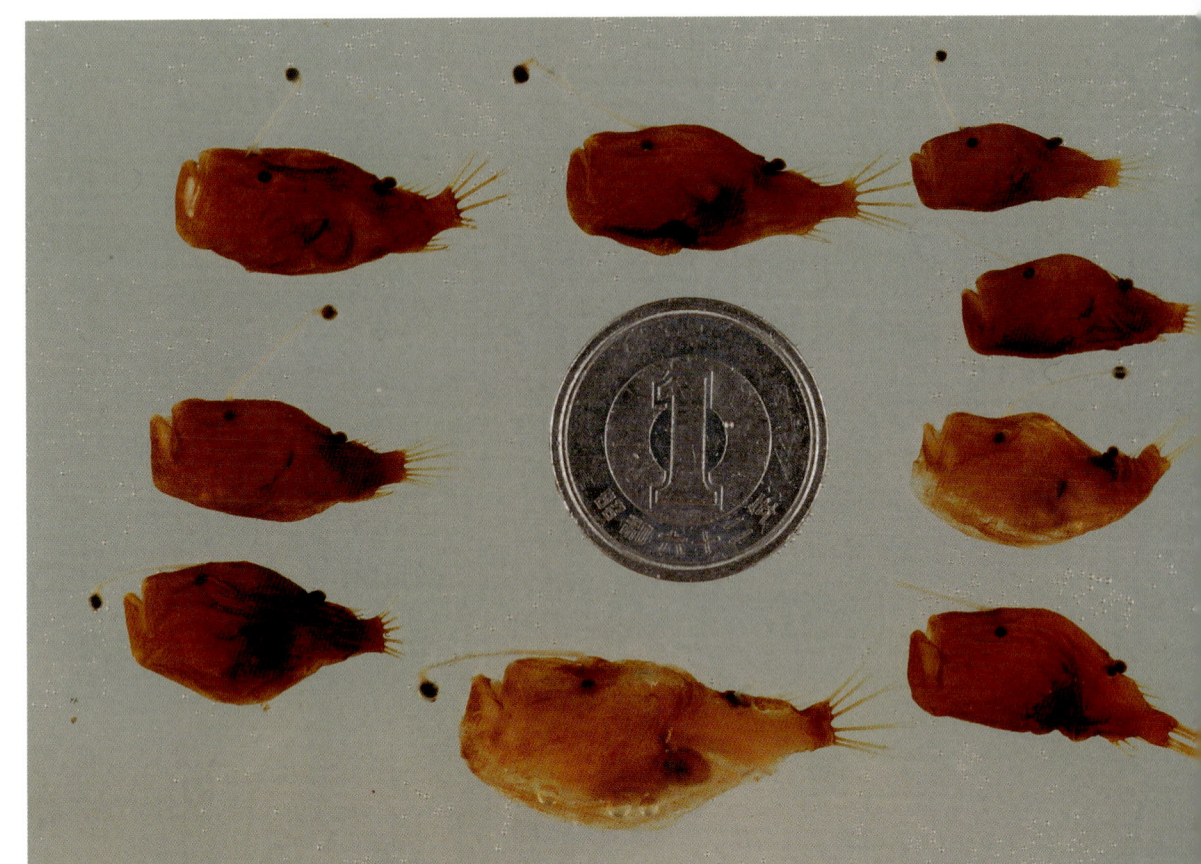

体長1.4〜2.2cm（写真個体）

ミツクリエナガチョウチンアンコウ
Cryptopsaras couesii
ミツクリエナガチョウチンアンコウ科
解説→P.109

体長43cm（写真個体）

ムスジソコダラ
Coelorinchus hexafasciatus
ソコダラ科

200m
6,000m

体は背鰭の始部のところがもっとも高く、尾部へ向かってだんだんと細くなる。吻はがんじょうで、吻端はとがる。口は頭の下にある。下あごに短いヒゲがある。体に6、7本の帯状の斑紋がある。

生息深度　336〜910m
日本分布　九州・パラオ海嶺

キシュウヒゲ
Coelorinchus smithi
ソコダラ科

200m
6,000m

発光器は肛門の前にあり、その直径は眼の直径の約半分。頭にかたい骨の盛りあがりがある。吻は長くとびだし、先はとがる。下あごに短いヒゲがある。

生息深度　300〜610m
日本分布　西日本の太平洋岸
世界分布　西部太平洋の温暖海域

※ソコダラ類は、146〜148ページにもたくさん紹介しています。

全長28cm（写真個体）

アカナマダ
Lophotus capellei
アカナマダ科

200m
6,000m

頭の前端は垂直。その角から背鰭の軟条が長く伸びる。胸鰭の下に小さい腹鰭がある。臀鰭は小さく、尾鰭のすぐ前にある。とてもめずらしい種である。

生息深度　500mより浅い中深層
日本分布　南日本
世界分布　太平洋、大西洋の暖海海域

体長121.5cm（写真個体）

深海魚はどうやって身を守っているの？

087

03 電気を出す

　デンキウナギやデンキナマズは電気を出すことで有名です。ヤマトシビレエイなどのシビレエイ類は、円盤状の体の左右にそら豆のような形をした大きな発電器をもっています（図55A）。スベスベカスベなどのガンギエイ類は、尾の両側に細長い発電器をもっています（図55C）。これらの発電器は、おもに敵を攻撃したり、身を守るのに使います。自分の位置を知ったり、交信するために使われることもあります。

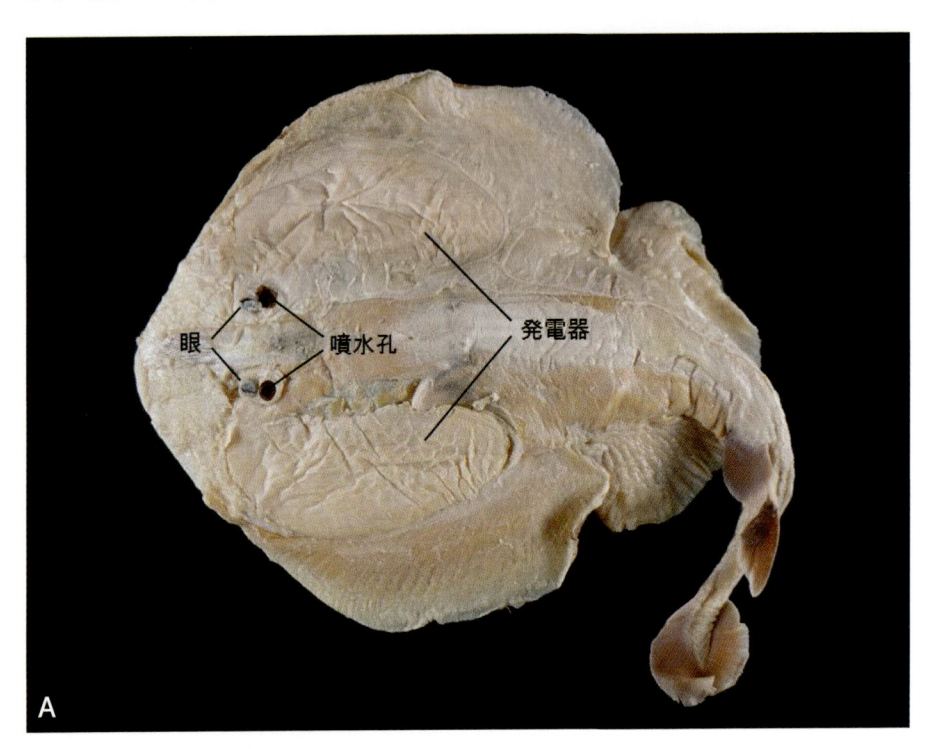

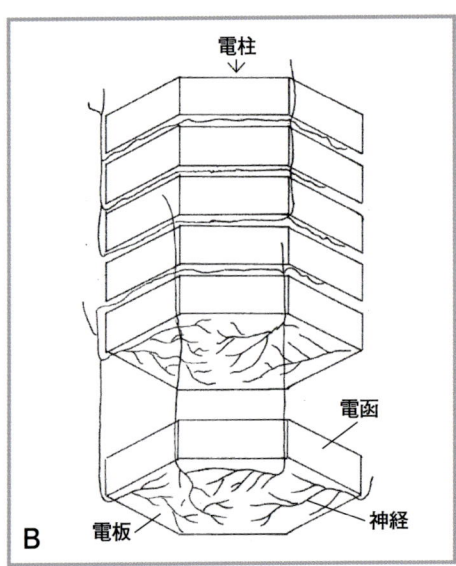

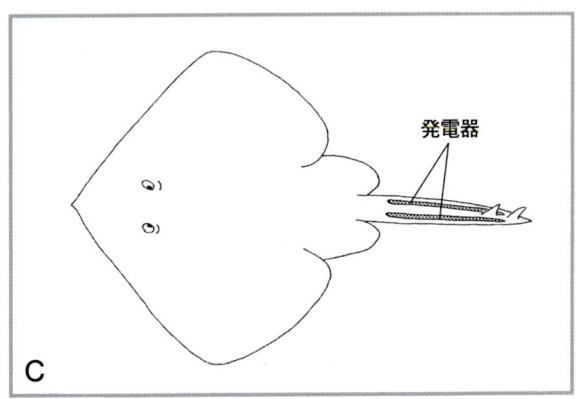

図55 A シビレエイ類の発電器（皮をはがしたところ）／B シビレエイ類の電池のしくみ／C ガンギエイ類の発電器

全長57cm（写真個体）

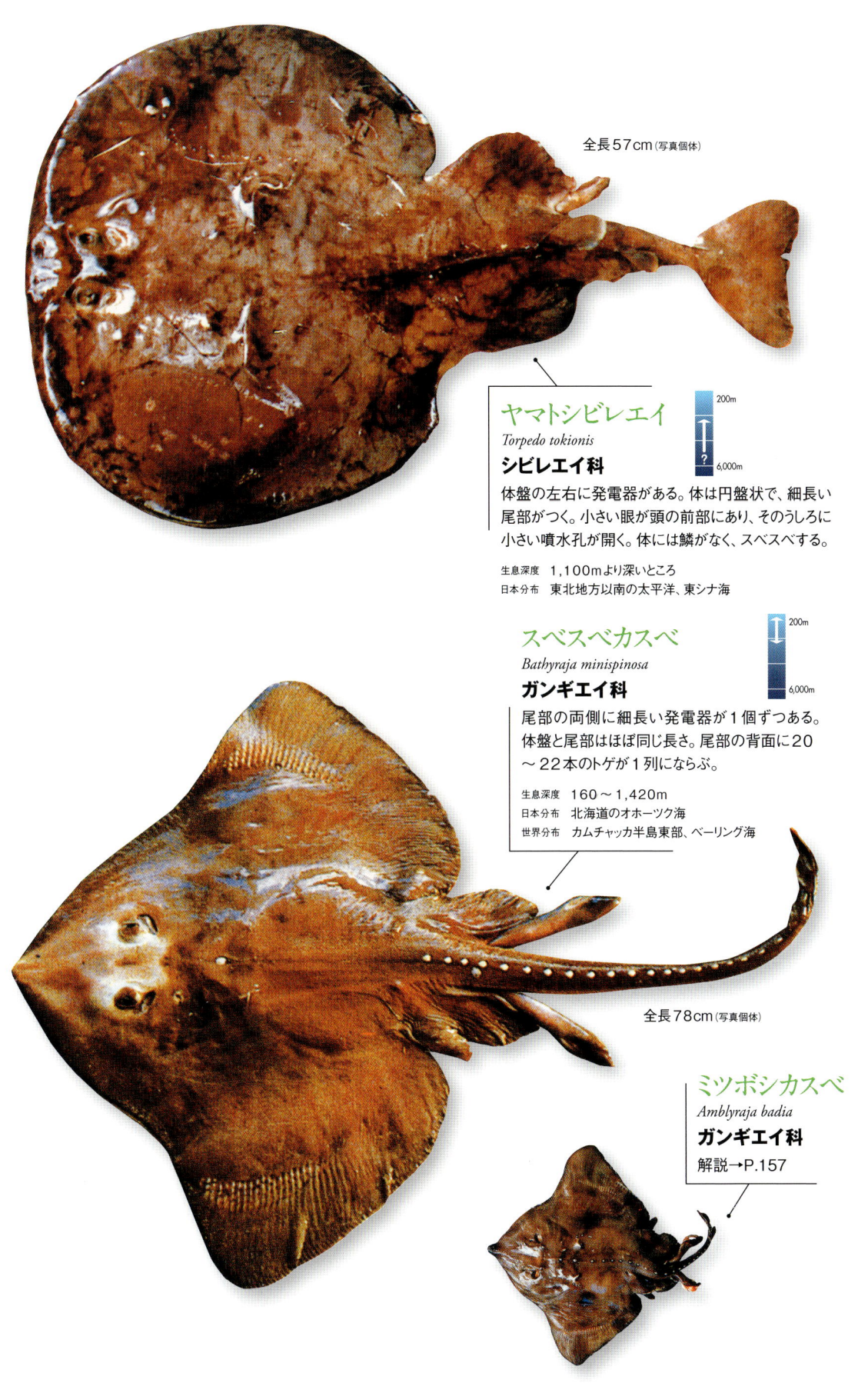

ヤマトシビレエイ
Torpedo tokionis
シビレエイ科

200m
↕
?
6,000m

体盤の左右に発電器がある。体は円盤状で、細長い尾部がつく。小さい眼が頭の前部にあり、そのうしろに小さい噴水孔が開く。体には鱗がなく、スベスベする。

生息深度　1,100mより深いところ
日本分布　東北地方以南の太平洋、東シナ海

スベスベカスベ
Bathyraja minispinosa
ガンギエイ科

200m
↕
6,000m

尾部の両側に細長い発電器が1個ずつある。体盤と尾部はほぼ同じ長さ。尾部の背面に20〜22本のトゲが1列にならぶ。

生息深度　160〜1,420m
日本分布　北海道のオホーツク海
世界分布　カムチャッカ半島東部、ベーリング海

全長78cm（写真個体）

ミツボシカスベ
Amblyraja badia
ガンギエイ科
解説→P.157

深海魚はどうやって身を守っているの？

04 かたいヨロイをつける

　ヒゲキホウボウやソコキホウボウなどのキホウボウ類、ソコトクビレやテングトクビレなどのトクビレ類は、泳ぎが苦手です。しかし、体をかたい骨板で包み、まるでヨロイを着けているような状態なので、防御はかんぺきです。海底でじっとしてエサとなる魚などが近づいてくるのを待っています。
　キホウボウ類は、胸鰭の下葉の2本の軟条を使って、歩きながらエサを探すことができます。

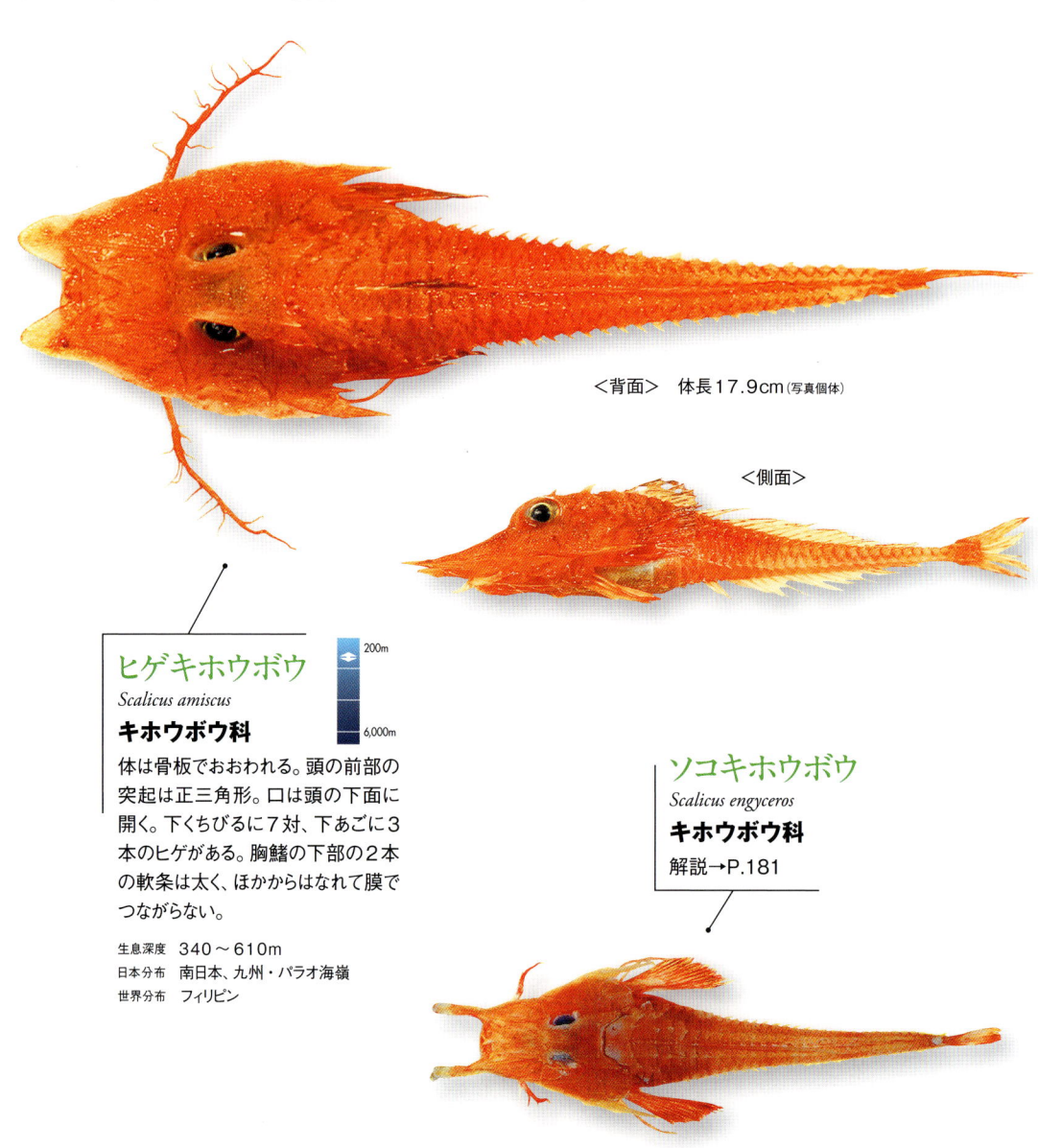

<背面> 体長17.9cm（写真個体）

<側面>

ヒゲキホウボウ
Scalicus amiscus
キホウボウ科

200m〜6,000m

体は骨板でおおわれる。頭の前部の突起は正三角形。口は頭の下面に開く。下くちびるに7対、下あごに3本のヒゲがある。胸鰭の下部の2本の軟条は太く、ほかからはなれて膜でつながらない。

生息深度　340〜610m
日本分布　南日本、九州・パラオ海嶺
世界分布　フィリピン

ソコキホウボウ
Scalicus engyceros
キホウボウ科
解説→P.181

体長15.3cm（写真個体）（今村央氏提供）

ソコクビレ
Bathyagonus nigripinnis 
トクビレ科

200m – 6,000m

体はとても細長く、骨板でおおわれる。上あごの後端に短いヒゲがあるが、下あごにはヒゲがない。

生息深度　100～1,200m
日本分布　宮城県以北の太平洋からオホーツク海
世界分布　ベーリング海を経てオレゴン州まで

テングトクビレ
Leptagonus leptorhynchus 
トクビレ科

200m – 6,000m

体はたくさんの骨板でおおわれる。頭の前部はとがり、その下に1対のヒゲがある。口は頭の下面に開く。上あごの後端に4対のヒゲがある。

生息深度　50～300m
日本分布　隠岐および沼津以北
世界分布　オホーツク海、ベーリング海

＜側面＞

＜背面＞　体長13cm（写真個体）

ヤセトクビレ
Freemanichthys thompsoni
トクビレ科
解説→P.178

深海魚はどうやって身を守っているの？

091

05 目立たなくする

　深海には黒、紫などの暗い色の魚や、色のない魚がたくさんいます。光のとどかない暗い世界で目立たないためです。しかし、なかにはあざやかな赤い色の深海魚も見られます。なぜこんな目立つ色をしているのでしょうか？

　海に入った光は深くなるにつれて青くなり、最後は黒の世界になりますが、赤い色は青い色を吸収して黒くなります。あざやかな色でも深海ではカムフラージュとなるのです。

赤色

アカチゴダラ
Physiculus rhodopinnis
チゴダラ科

眼は頭の前部にある。口は眼のうしろまで開く。歯は小さく、ヤスリ状。頭のてっぺんは平たい。肛門と腹鰭の始部の間に、卵形の黒い発光器がある。

生息深度　264〜753m
日本分布　九州・パラオ海嶺
世界分布　南・中部太平洋、インド洋

体長19cm（写真個体）

アカクジラウオダマシ
Barbourisia rufa
アカクジラウオダマシ科

体は細長い。眼は小さい。口は大きく、眼のはるかうしろまで開く。体と鰭は細かなトゲでおおわれ、表面はビロード状。

生息深度　600〜1,400m
日本分布　北日本の太平洋岸、沖縄舟状海盆
世界分布　インド洋、メキシコ湾、スリナム沖など

体長32.3cm（写真個体）

アカゲンゲ
Puzanovia rubra
ゲンゲ科 200m～6,000m

体は細長く、少し平たくてやわらかい。吻は丸い。眼は小さく、頭の前部にある。腹鰭はない。

生息深度　200～600m
日本分布　北海道の太平洋岸とオホーツク海
世界分布　ベーリング海

ヒシダイ
Antigonia capros
ヒシダイ科 200m～6,000m

体はひし形で、とても平たい。口は小さく、眼の前までしか開かない。鱗はとても小さく、はがれにくい。背鰭、臀鰭、腹鰭の棘はとても強い。

生息深度　50～750m
日本分布　本州中部以南、九州・パラオ海嶺
世界分布　ハワイ近海、南アフリカ、大西洋

体長14.3cm（写真個体）

体長26.7cm（写真個体）

深海魚はどうやって身を守っているの？

黒色

体長22.5cm（写真個体）

ハゲイワシ
Alepocephalus owstoni 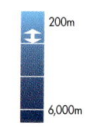
セキトリイワシ科

200m – 6,000m

体は高く、少し平たい。頭の前部はとがる。眼が大きい。口は大きく、眼のうしろまで開く。

生息深度　500〜1,000m
日本分布　相模湾より南、沖縄舟状海盆

体長14cm（写真個体）

カブトウオ
Poromitra cristiceps
カブトウオ科

200m – 6,000m

頭の上にノコギリ状のトサカがある。眼のまわりは骨で囲まれる。

生息深度　700〜3,300m
日本分布　東北地方沖、オホーツク海、小笠原諸島海域
世界分布　ほとんどの熱帯〜亜寒帯海域

クロソコイワシ
Pseudobathylagus milleri
ソコイワシ科

体は弱々しい。眼は頭の前端にある。鱗は大きく、はがれやすい。

生息深度	800〜1,200m
日本分布	岩手県以北、北海道のオホーツク海
世界分布	ベーリング海

体長19.7cm（写真個体）

ヨロイギンメ
Scopelogadus mizolepis mizolepis
カブトウオ科

頭の上にトサカがない。上あごの歯は1列。上主上顎骨はない。前鰓蓋骨の縁はノコギリ状。縦列鱗数は少なく、14枚前後。

生息深度	500〜1,800m
日本分布	東北地方沖、九州・パラオ海嶺、小笠原諸島海域
世界分布	西部太平洋、インド洋、大西洋の熱帯〜温帯海域

体長6.6cm（写真個体）

深海魚はどうやって身を守っているの？

体長13.9cm(写真個体)

ノコバイワシ
Talismania antillarum
セキトリイワシ科

200m
6,000m

吻端は丸い。口はそれほど大きくなく、上あごの後端は眼の前縁を越える。両あごの歯は1列にならぶ。主上顎骨の下縁はノコギリ状で、各歯は三角形。胸鰭は糸のように伸びない。

生息深度　600〜1,140m
日本分布　沖縄舟状海盆、小笠原諸島海域
世界分布　太平洋、インド洋、大西洋

クロハダカ
Taaningichthys minimus
ハダカイワシ科
解説→P.138

体長5.8cm(写真個体)

イサゴビクニン
Liparis ochotensis
クサウオ科

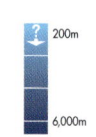

200m
6,000m

体はやわらかく、たくさんのトゲでおおわれるが、はがれやすい。腹鰭は吸盤になる。胸鰭は中央部でくびれ、上下に分かれる。

生息深度　600mより浅いところ
日本分布　北海道の周辺海域
世界分布　千島列島、ベーリング海

体長58.3cm(写真個体)

第3章

体長21.3cm（写真個体）

パラカリスティウス マデレンシス
Paracaristius maderensis 
ヤエギス科

200m〜6,000m

体はとても高くて、平たい。頭の前はほぼ垂直。口は小さく、上あごの後端は眼のまん中あたりまで達する。両あごの歯は数列にならぶ。眼と口の間は広い。背鰭は眼よりもうしろから始まる。背鰭と腹鰭は長く伸びる。

生息深度　0〜1,025m
日本分布　九州・パラオ海嶺、小笠原諸島海域
世界分布　西部太平洋、インド洋、大西洋

ハナメイワシ
Sagamichthys abei 
ハナメイワシ科

200m〜6,000m

体は細長く、少し平たい。腹面を横切る3本の帯状の発光器がある。そのほかに、腹鰭の基底の間に1対、臀鰭の基底近くに2対、尾柄の下面に1個のまるい発光器がある。

生息深度　中深層
日本分布　東北地方以南の太平洋岸
世界分布　北太平洋から東部南太平洋

＜側面＞

＜腹面＞　体長23.1cm（写真個体）

深海魚はどうやって身を守っているの？

097

体長16cm（写真個体）

フカミフデエソ
Ahliesaurus brevis
フデエソ科

200m–6,000m

体はとても細長い。吻はとがる。腹鰭の始部は背鰭の始部より少し前。

生息深度　1,000〜3,000m
日本分布　琉球列島、小笠原諸島海域
世界分布　太平洋、インド洋の熱帯海域

体長9.3cm（写真個体）

クロカサゴ
Ectreposebastes imus
フサカサゴ科

200m–6,000m

体は短くて高い。頭は大きく、体の長さの約半分。眼の下に、吻端から鰓孔にかけて水平に伸びた骨の盛りあがりがある。鰓蓋の前に5本のトゲがあり、上から3番目は最大。

生息深度　150〜2,000m
日本分布　襟裳岬以南
世界分布　世界の暖海域

体長26.5cm（写真個体）

イレズミガジ
Lycodes caudimaculatus
ゲンゲ科

胸鰭の後縁は、深くへこまない。側線は尾柄の近くまで走る。尾鰭は白く、そこに黒い斑がある。

生息深度　200～600mの海底
日本分布　福島県から高知県沖

ドクウロコイボダイ
Tetragonurus cuvieri
ドクウロコイボダイ科

体は棒状。鱗はひし形で、ななめに規則正しくならぶ。尾鰭の根元に盛りあがった線が2本ある。

生息深度　1,000m付近
日本分布　北日本
世界分布　世界の温帯・熱帯海域

体長10.4cm（写真個体）

深海魚はどうやって身を守っているの？

099

体長47.9cm（写真個体）

カラスダラ
Halargyreus johnsonii 
チゴダラ科

200m〜6,000m

体は細長く、少し平たい。口は少し大きく、眼のまん中あたりの下まで開く。下あごの先にヒゲがない。腹鰭は背鰭の始部より前にある。

生息深度　920〜1,420m
日本分布　岩手県から和歌山県沖
世界分布　南太平洋、大西洋

カワリヒレダラ
Melanonus zugmayeri 
カワリヒレダラ科

200m〜6,000m

背鰭と臀鰭は1つずつで、尾鰭とつながらない。口は吻端に開く。下あごにヒゲがない。上あごに3列、下あごに2列の歯がならぶ。

生息深度　1,000mより浅いところ
日本分布　本州の太平洋
世界分布　太平洋、インド洋、大西洋

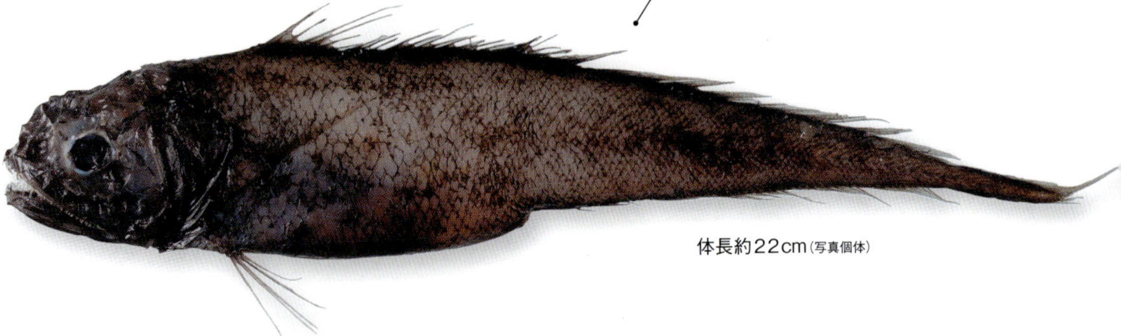

体長約22cm（写真個体）

第3章

100

紫色、または黒紫色

体長80.1cm(写真個体)

ムラサキギンザメ
Hydrolagus purpurescens
ギンザメ科
体は尾部に向かって細くなり、尾鰭の後部は糸のようになる。波状の側線は体の中央部を走る。

生息深度　1,100～1,900mの海底付近
日本分布　岩手県沖
世界分布　ハワイ諸島近海

ハナゲンゲ
Lycodes albonotata
ゲンゲ科
体は円筒形。眼は頭の背面近くにある。頭に鱗がない。背鰭に半円形の白い斑が3個ある。

生息深度　200～500m
日本分布　北海道のオホーツク海以北

体長38.3cm(写真個体)

ナカムラギンメ
Diretmichthys parini
ナカムラギンメ科
体は高く、平たい。眼はとても大きく、頭の背縁につく。両あごと鰓蓋の骨の表面にたくさんの細かいシワがある。側線がない。腹鰭と臀鰭の間の腹面に4～5本のトゲをもった大きな鱗がある。

生息深度　850～880m
日本分布　東北地方の太平洋
世界分布　太平洋、インド洋、大西洋

体長17.9cm(写真個体)

深海魚はどうやって身を守っているの？

無色・透明・淡色

体長12cm (写真個体)(篠原現人氏提供)

ヒカリエソ
Arctozenus risso
ハダカエソ科

体は細長く、半透明。吻はとがり、長くつきだす。鱗は小さくてはがれやすい。背鰭と腹鰭は小さく、体のうしろ1/3付近にある。

生息深度　500〜1,500m
日本分布　東北地方以南
世界分布　太平洋、インド洋、大西洋

ナメハダカ
Lestidium prolixum
ハダカエソ科

体はほぼ半透明で、鱗がない。発光器が鰓蓋の下から腹鰭の前までの腹部の中央を走る。

生息深度　200〜615m
日本分布　駿河湾以南の南日本、沖縄舟状海盆

体長22.4cm (写真個体)

タチモドキ
Benthodesmus tenuis
タチウオ科

体はとても細長い。背鰭は頭の後部から尾鰭まで広がる。口は大きく、するどい歯がならぶ。

生息深度　600m付近
日本分布　南日本の太平洋
世界分布　太平洋、インド洋、大西洋

体長29.3cm (写真個体)

体長27.2cm（写真個体）

ノロゲンゲ
Bothrocara hollandi
ゲンゲ科

体はゼラチン質。眼は大きく、頭の背縁をとびだす。口はとても小さい。楕円形の鱗がそれぞれ直角にならぶ。

生息深度　200〜1,800m
日本分布　日本海、オホーツク海
世界分布　黄海の東部

ヤワラゲンゲ
Lycodapus microchir
ゲンゲ科

解説→P.155

体長12.7cm（写真個体）

クログチコンニャクハダカゲンゲ
Melanostigma atlanticum
ゲンゲ科

体はやわらかく、ゼラチン質。鱗がない。頭はとても小さく、鰓孔も小さい。口の中と腹膜は黒い。頭に感覚の孔が発達している。

生息深度　960〜1,120m
世界分布　北太平洋

ヤセハダカエソ
Lestidiops sphyraenopsis
ハダカエソ科

体は細長く、少し平たい。頭は細長い。吻はかなりつきでる。口は水平に開き、上あごに4本と下あごに10本の長い歯がある。前後には細長い側線鱗以外に鱗がなく、皮ふはなめらか。頭と尾部以外はほとんど淡色。

生息深度　1,400m付近
日本分布　東北地方の太平洋、鹿島灘
世界分布　ニュージーランド東方海域、カリフォルニア沖

体長36.2cm（写真個体）

深海魚はどうやって身を守っているの？

第4章

深海魚は
どうやって
子どもを残すの？

広くて暗い深海の世界では
同じ種のオスとメスが出会うことはとてもむずかしいです。
そのために、とてもユニークな工夫をしています。

01 奇妙なオスとメスの関係

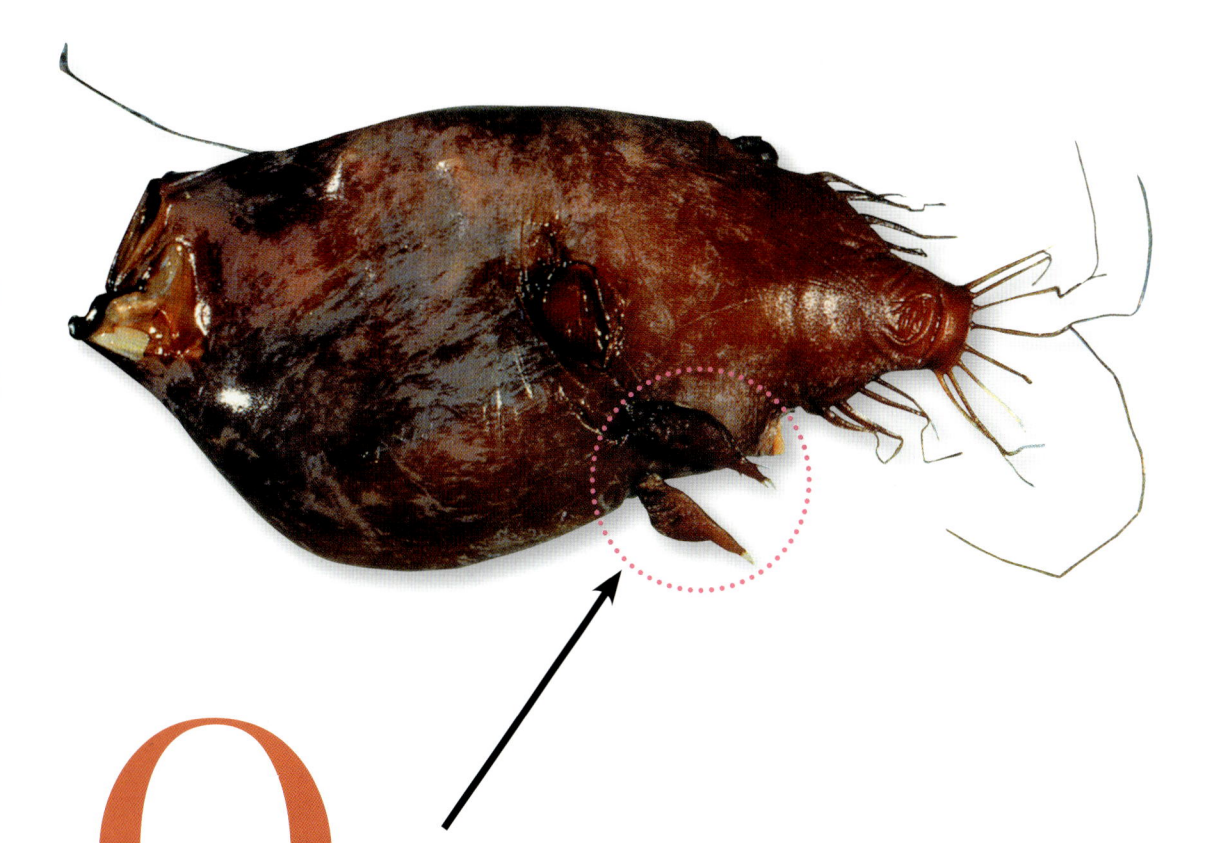

深海魚はどうやって子どもを残すの？

Q これはアンコウの写真です。
おなかからとびだしている
部分は何でしょうか？
(1)～(5)の中から
答えを選んでください。

(1) 寄生虫
(2) イボ
(3) オス
(4) 鰭
(5) 子ども

答え…(3) オス

　オスがくっついている大きな体の魚は、同じ種のメスです。では、どうしてオスはこのようにメスの体にくっついているのでしょうか？

　深海は広くて暗いため、オスとメスが出会うのも大変です。そこで、確実に子どもを残すために、大きなメスの体に小さいオスがくっついて、寄生※する種がいます。この写真が、まさに寄生している状態です。

　このようにメスにくっつくオスのことを「寄生オス」といいます。

　この寄生オスをもつ種には、3つのタイプがあります。繁殖期だけメスに付着する「一時付着型」（図56A）、寄生してもしなくてもよい「任意寄生型」、そしてメスの体の一部になり一生はなれることがない「真性寄生型」（図56B～D）です。真性寄生型のオスは、メスにくっついたあと、眼や鰭がなくなりイボのようになります。メスに寄生できなかったオスは死んでしまいます。

一時付着型：**クロアンコウ科、チョウチンアンコウ科、ラクダアンコウ科**
任意寄生型：**バーテルセンアンコウ（ラクダアンコウ科）、ヒレナガチョウチンアンコウ科**
真性寄生型：**ミツクリエナガチョウチンアンコウ科、キバアンコウ科、オニアンコウ科**

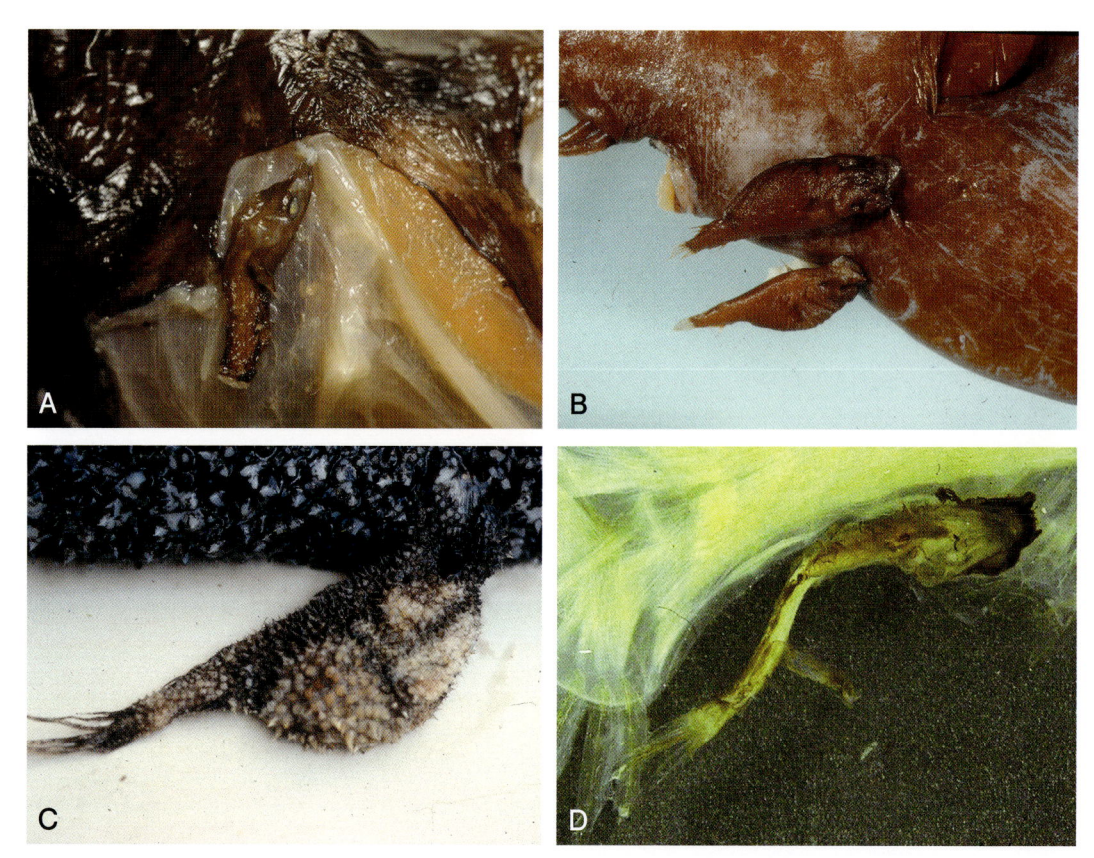

図56　メスに寄生したオス：A ペリカンアンコウモドキ／B ミツクリエナガチョウチンアンコウ／C ビワアンコウ／D キバアンコウ（A 遠藤広光氏提供）

寄生する前のオス

図57 チョウチンアンコウ類の4属のオス：A クロアンコウ属の一種（体長2.1cm）／B オニアンコウ属の一種a（同1.4cm）／C オニアンコウ属の一種b（同1.6cm）／D チョウチンアンコウ属の一種（同2.9cm）／E ユメアンコウ属の一種（同1.7cm）

※「寄生」とは一方が利益を、一方が不利益を得ることですが、この場合はオスを探すエネルギーが必要ないという点でメスも利益を得ているため、「寄生」ではなく「共生」という言葉を使う研究者もいます。

体長36cm(写真個体)

ビワアンコウのメス
Ceratias holboelli
ミツクリエナガチョウチンアンコウ科

体は楽器のびわのような形。頭の上から長いサオを出し、サオの先を引きよせると、背中にあるサオをしまうサヤが背中からうしろへとびだす。先に小さいルアーがある。背鰭の前にイボがある。真性寄生型。写真の標本には腹部に1尾のオスが寄生している。

生息深度	200～700m
日本分布	北海道、駿河湾、九州・パラオ海嶺
世界分布	太平洋、大西洋

200m
6,000m

ペリカンアンコウ
モドキのメス
Melanocetus murrayi
クロアンコウ科

一時付着型。写真の標本には頭の後部に1尾のオスが寄生している。
解説→P.42

体長7.3cm(写真個体／♀) 1.5cm(写真個体／♂)(遠藤広光氏提供)

第4章

108

ミツクリエナガチョウチンアンコウのメス
Cryptopsaras couesii
ミツクリエナガチョウチンアンコウ科

体は卵形で、表面はスベスベしている。頭のてっぺんに短いサオがとびだす。サオの先にルアーがあり、その先に糸のようなものがはえる。背鰭の前に3個の大きなイボがあり、発光液を出す。真性寄生型。写真の標本には腹部に2尾のオスが寄生している。

生息深度　450～700m
日本分布　日本各地
世界分布　世界の海域

バーテルセンアンコウのメス
Bertella idiomorpha
ラクダアンコウ科
任意寄生型
解説→P.25

ヒレナガチョウチンアンコウのメス
Caulophryne pelagica
ヒレナガチョウチンアンコウ科
任意寄生型
解説→P.179

体長58.1cm（写真個体）

深海魚はどうやって子どもを残すの？

体長5.8cm(写真個体)

キバアンコウのメス
Neoceratias spinifer
キバアンコウ科

200m
6,000m

口は大きく、じょうぶで、長い歯がとびだす。眼の前に大きな触手がある。眼はとても小さい。真性寄生型。写真の標本には尾柄部にオスが寄生している。

生息深度 4,000m付近
日本分布 四国南方沖、琉球列島
世界分布 西部太平洋、インド洋、北大西洋

オニアンコウのメス
Linophryne densiramus
オニアンコウ科
真性寄生型
解説→P.179

第4章

ラクダアンコウのメス
Chaenophryne draco
ラクダアンコウ科
一時付着型
解説→P.169

ヒメラクダアンコウのメス
Oneirodes eschrichtii
ラクダアンコウ科
一時付着型
解説→P.167

ユウレイオニアンコウ（新称）**のメス**
Haplophryne mollis
オニアンコウ科
体はほぼ透明で、尾柄部の筋肉は薄紫色。頭から強いトゲが出る。サオは短く、先に球形のルアーがある。真性寄生型。

生息深度　1,500～3,200m
世界分布　太平洋、インド洋、大西洋

体長2.8cm（写真個体）

深海魚はどうやって子どもを残すの？

02 どうやって仲間を見分けるの？

発光する魚は、種類によって発光器の形、大きさ、配列がちがい、それぞれちがったパターンの光を発射して同じ種類の仲間たちに合図を送ることができます。また、オスがメスに、メスがオスに合図を送る種もいて、繁殖期にはとても重要な役割を果たします。発光器は位置によってグループ分けされ、星座のように名前がつけられています。名前は長いため、解説では略語で紹介します（P.116 図58／P.119 図59）。

（1）ムネエソ類の種名を調べよう！

ムネエソ類は世界で42種、日本で14種ほどが知られ、種によってさまざまな体形をしています。発光器の配列も体形に合わせてさまざまで、それぞれに名前がつけられています（P.116 図58）。

眼の向きも、横を向いているものや上を向いているものがいます。上を向いているものは、上にいる仲間が出す光を見たり、エサを探すのに都合がよいためといわれています。

A～Gはすべてムネエソ類です。ちがいがわかりますか？　それぞれの特徴をよく観察し、次のページのキーを使って種名を調べてみましょう。

C

D

E

F

G

深海魚はどうやって子どもを残すの？

113

ムネエソ類の種名を調べるキー

写真の特徴をよく観察し、あてはまる番号に進んでください。
答え合わせは116〜118ページへ。

①
- **1a** 臀鰭の基底部に三角形の透明な部分がある →**ムネエソ**（P.117）
- **1b** 臀鰭の基底部に透明な部分がない →**②**へ

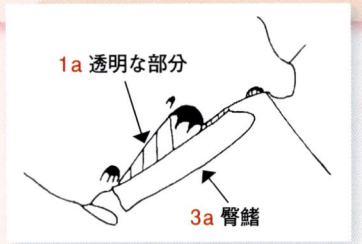

スタート！

1a 透明な部分
3a 臀鰭

②
- **2a** 眼は上を向く。ABは12個、SABは6個 →**③**へ
- **2b** 眼は横を向く。ABは10個、SABは3個 →**⑥**へ

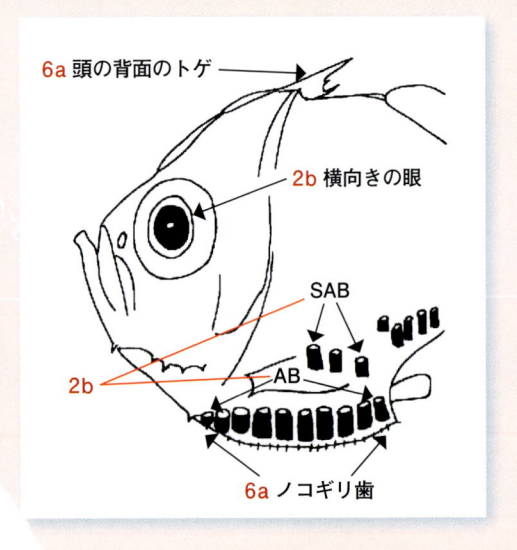

6a 頭の背面のトゲ
2b 横向きの眼
SAB
2b
AB
6a ノコギリ歯

⑥
- **6a** ABの下縁はノコギリ状。頭の背面にあるトゲは大きく、2〜3本に分かれる →**カタホウネンエソ**（P.80／P.118）
- **6b** ABの下縁はギザギザしない。頭の背面にあるトゲは小さく、分かれない →**ホシホウネンエソ**（P.80／P.118）

第4章

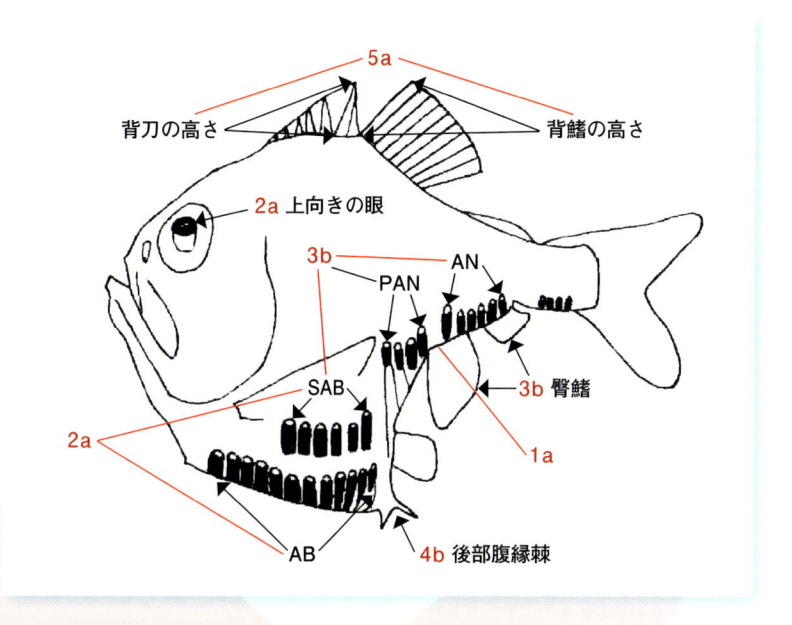

図中ラベル：
- 5a
- 背刀の高さ
- 背鰭の高さ
- 2a 上向きの眼
- 3b
- PAN
- AN
- SAB
- 2a
- 3b 臀鰭
- 1a
- AB
- 4b 後部腹縁棘

③
3a SAB, PAN, AN は段差なく、連続してならぶ。
臀鰭は2つに分かれない →**ナガムネエソ**（P.116）
3b SAB, PAN, AN は連続しない。
臀鰭はANの3番目と4番目の間で2つに分かれる →④へ

④
4a ABの最後の発光器近くからななめ下へ
とびだす骨板（後部腹縁棘）は1本
→**テンガンムネエソ**（P.116）
4b ABの最後の発光器近くからななめ下へ
とびだす骨板（後部腹縁棘）は2本 →⑤へ

⑤
5a 背鰭の前の骨板（背刀）は高く、背鰭の高さよりわずかに低い。
体は高く、体長の約80% →**トガリムネエソ**（P.118）
5b 背鰭の前の骨板は低く、背鰭の半分以下。
体は低く、体長の約60% →**テオノエソ**（P.118）

深海魚はどうやって子どもを残すの？

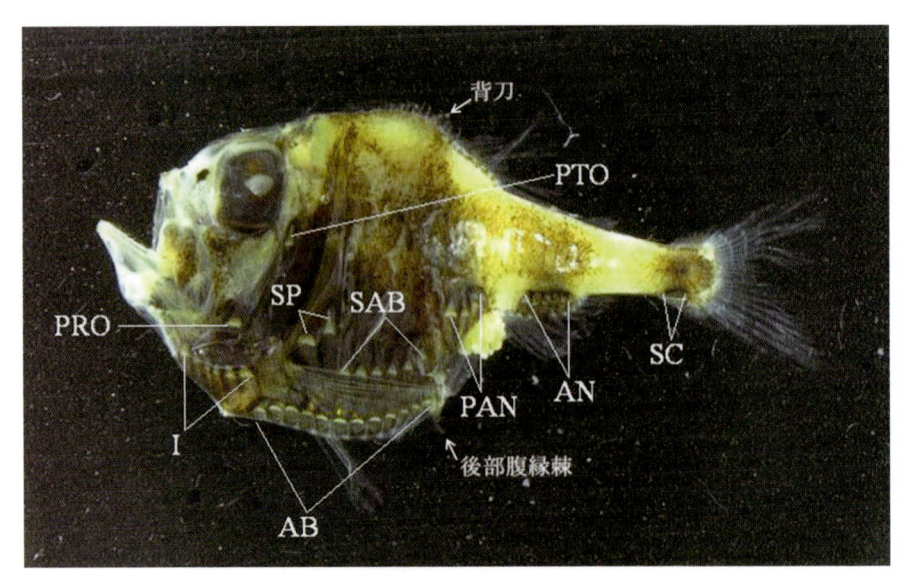

図58 ムネエソ類の主要な発光器の略語と名称（図の標本はテンガンムネエソ）：AB 腹部発光器　AN 臀鰭発光器　I 峡部発光器　PAN 臀鰭前発光器　PRO 前鰓蓋部発光器　PTO 眼後発光器　SAB 腹部上部発光器　SC 尾柄下部発光器　SP 胸鰭上発光器

答えと解説

B　テンガンムネエソ
Argyropelecus hemigymnus
ムネエソ科

眼は上を向く。背鰭の前の骨板（背刀）は高い。後部腹縁棘は1本。臀鰭は2つに分かれる。ABは12個。SABは6個。PANは4個。ANは6個。SAB, PANおよびANは連続しない。

生息深度　中深層
日本分布　東北地方以南
世界分布　太平洋、インド洋、
　　　　　大西洋の熱帯・亜熱帯海域

体長7.4cm（写真個体）

C　ナガムネエソ
Argyropelecus affinis
ムネエソ科

眼は上を向く。体は長い。背鰭の前の骨板（背刀）は低い。臀鰭は2つに分かれない。ABは12個。SABは6個。PANは4個。ANは6個。SAB, PANおよびANは連続する。

生息深度　中深層
日本分布　東北地方海域と小笠原諸島近海
世界分布　太平洋、インド洋、
　　　　　大西洋の熱帯・亜熱帯海域

体長6.4cm（写真個体）

A

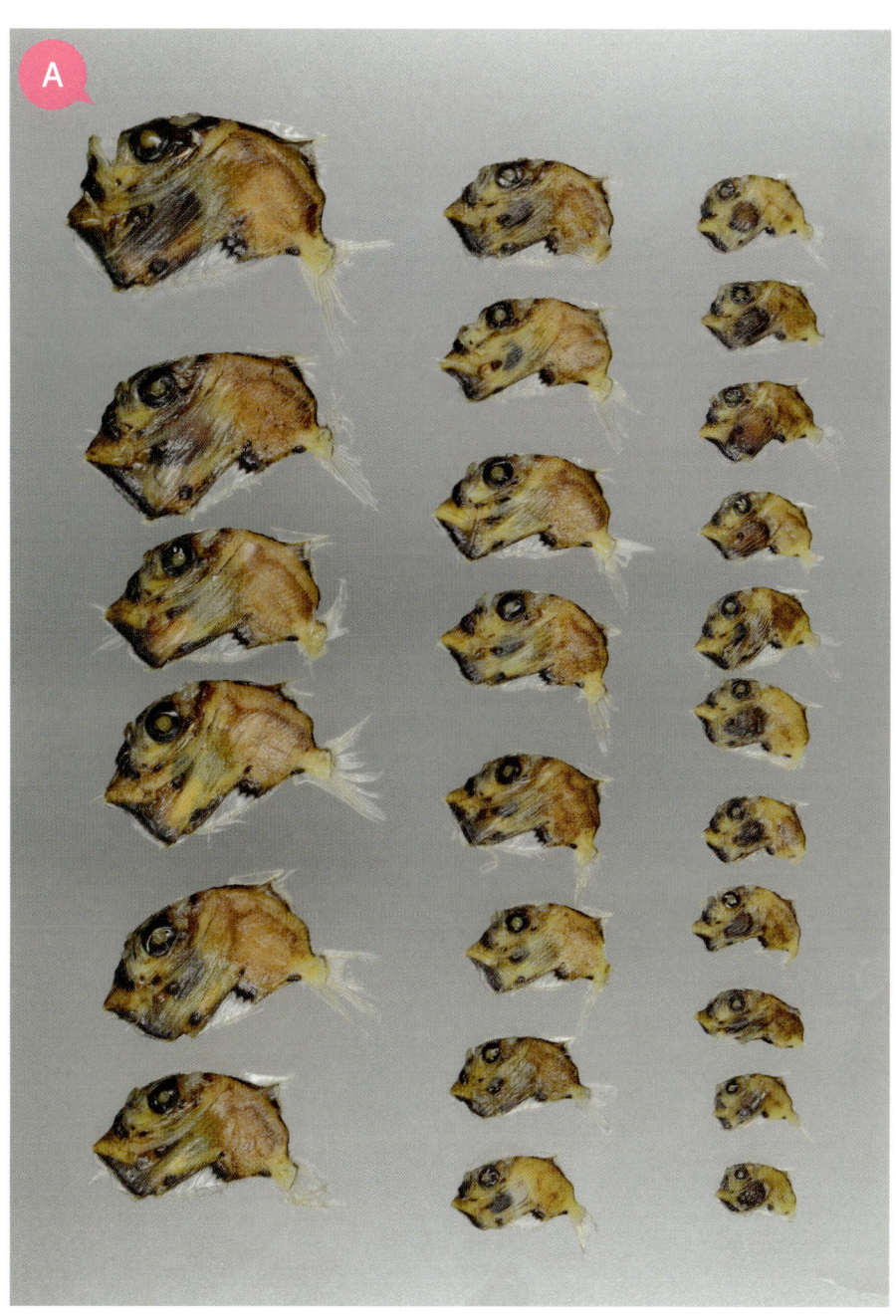

体長1.5～3.3cm(写真個体)

ムネエソ
Sternoptyx diaphana
ムネエソ科

眼は少し上またはななめ上を向く。背鰭の前の骨板(背刀)は強くて高い。臀鰭の基底に三角形の透明な部分がある。ABは10個。SABはない。PAN は3個。ANは3個。SCは4個。

生息深度　500mより深い中深層
日本分布　北海道太平洋以南、小笠原諸島近海
世界分布　太平洋、インド洋、大西洋の熱帯・亜熱帯海域

深海魚はどうやって子どもを残すの？

D

テオノエソ 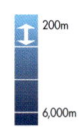
Argyropelecus sladeni
ムネエソ科

眼は上を向く。背鰭の前の骨板（背刀）は低く、背鰭のもっとも高いところの半分以下。臀鰭は2つに分かれ、その間にトゲがない。後部腹縁棘は2本。ABは12個。SABは6個。PANは4個。ANは6個。SCは4個。SAB, PANおよびANは連続しない。

生息深度　中深層
日本分布　東北地方以南の海域、小笠原諸島近海
世界分布　太平洋、インド洋、大西洋の熱帯・亜熱帯海域

体長6.7cm（写真個体）

E

トガリムネエソ 
Argyropelecus aculeatus
ムネエソ科

眼は上を向く。背鰭の前の骨板（背刀）は高く、背鰭のもっとも高いところより少し低い。臀鰭は2つに分かれ、その間にトゲがある。後部腹縁棘は2本。ABは12個。SABは6個。PANは4個。ANは6個。SCは4個。

生息深度　100〜600m
日本分布　東北地方以南の海域、小笠原諸島近海
世界分布　太平洋、インド洋、大西洋の熱帯・亜熱帯海域

体長5.8cm（写真個体）

F

カタホウネンエソ
Polyipnus stereope
ムネエソ科
解説→P.80

G

ホシホウネンエソ
Polyipnus matsubarai
ムネエソ科
解説→P.80

(2) ハダカイワシ類の種名を調べよう!

　ハダカイワシ類は世界で250種ほど、日本でも90種ほどが知られています。
　種によって発光器の位置、数、大きさ、配列がちがっているため、光りかたのパターンもそれぞれです。ハダカイワシ類の発光器も位置によってグループに分けられ、名前がつけられています（図59）。

次のページより、第1～第3グループに分けられた全40種のハダカイワシ類が登場します。それぞれの特徴をよく観察し、キーを使って種名を調べてみましょう。
※写真の状態により特徴のわかりづらいものがあります。その場合はそのまま答え合わせに進んでください。

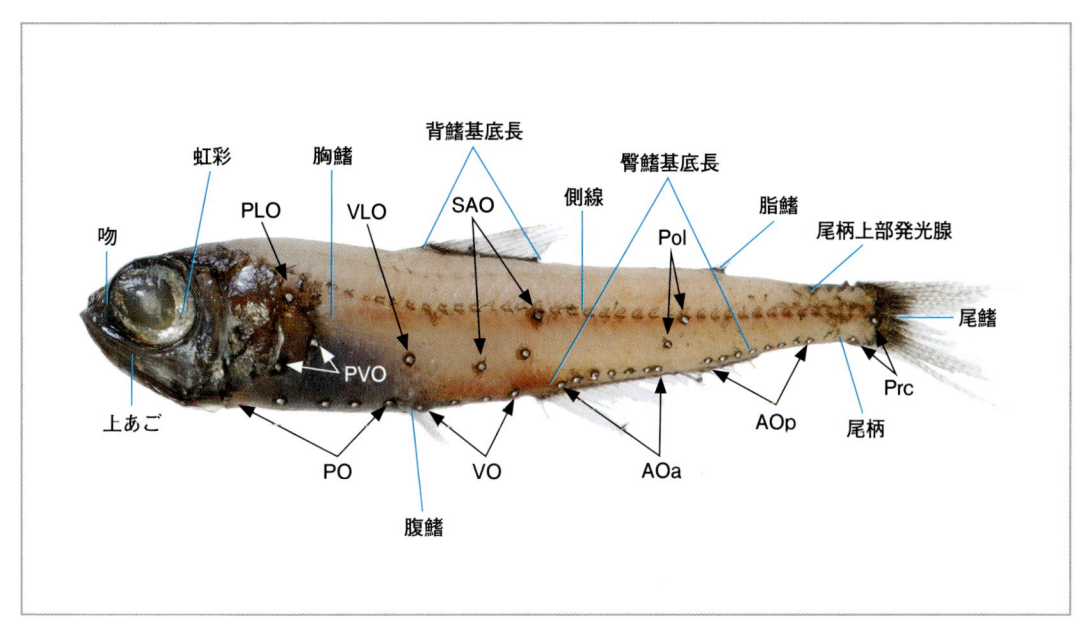

図59　ハダカイワシ類の発光器の略語と名称（図の標本はドングリハダカ）：AOa 前部臀鰭発光器　AOp 後部臀鰭発光器　PLO 胸鰭上発光器　PO 胸部発光器　Pol 体側後部発光器　Prc 尾鰭前発光器　PVO 胸鰭下発光器　SAO 肛門上発光器　VLO 腹鰭上発光器　VO 腹部発光器　※横にならんだ発光器は前から、縦にならんだ発光器は下から順番に番号がついている

深海魚はどうやって子どもを残すの？

次ページ→

第1グループ（13種）

①A

①B

①C

①D

①E

①F

深海魚はどうやって子どもを残すの？

121

①G

①H

①I

第4章

122

①J

①K

①L

①M

深海魚はどうやって子どもを残すの？

123

ハダカイワシ類の種名を調べるキー 第1グループ

①A〜①Mの特徴をよく観察し、あてはまる番号に進んでください。
答え合わせは138〜139ページへ。

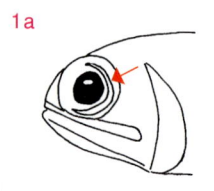

スタート！

①
- **1a** 眼の虹彩の後部に三日月形の白色の組織がある →②へ
- **1b** 眼の虹彩に三日月形の白色の組織がない →④へ

②
- **2a** 体は低くない。発光器は大きく、いちばん上のSAO,Pol およびPrcは側線より上にある →**ホソミカヅキハダカ**（P.138）
- **2b** 体はとても低くて細長い。尾柄に黒い色素で囲まれた発光組織がある →③へ

③
- **3a** 発光器は小さい。いちばん上のSAOとPolは側線の下にある →**クロハダカ**（P.138）
- **3b** 発光器がない →**チヒロクロハダカ**（P.138）

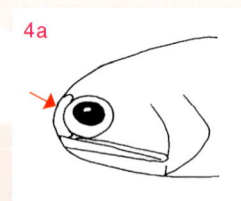

④
- **4a** 吻端に銀白色の発光器がある。Prcは必ず4個 →⑤へ
- **4b** 吻端に銀白色の発光器がない →⑪へ

⑤
- **5a** 体はずんぐりし、体長は体高のおよそ3.5倍 →⑥へ
- **5b** 体は細長い →⑦へ

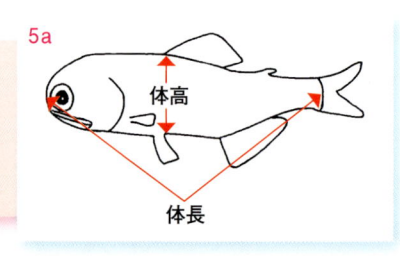

⑥
- **6a** いちばん上のSAOは側線に近い →**ダイコクハダカ**（P.138）
- **6b** いちばん上のSAOは側線のかなり下にある →**エビスハダカ**（P.138）

第4章

⑦
- **7a** SAOとPolは側線に接する →**シロハナハダカ**（P.138）
- **7b** SAOとPolは側線から発光器1、2個分下にある →⑧へ

⑧
- **8a** AOpは4個 →⑨へ
- **8b** AOpは5、6個 →⑩へ

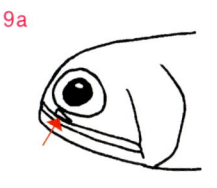

9a

⑨
- **9a** 背鰭条は13本。眼の下に小さくて細長い斑紋がある →**クロシオハダカ**（P.139）
- **9b** 背鰭条は15本。眼の下に大きな銀白色の長円斑紋がある →**ナミダハダカ**（P.139）

⑩
- **10a** 背鰭条は16本、AOpは5個 →**スイトウハダカ**（P.139）
- **10b** 背鰭条は13本、AOpは6個 →**トドハダカ**（P.139）

⑪
- **11a** 側線はほとんどない。吻端は丸く、その前端は上あごの前端より前にある。尾柄は細くて長い →⑫へ
- **11b** 側線はある。吻端と上あごの前端はほぼ同じ →⑭（第2グループ）へ

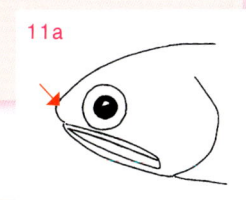

11a

⑫
- **12a** AOpは4個。Prcは尾柄の下縁に1個。吻端は上あごの前端より前にあまりとびださない →**ホクヨウハダカ**（P.139／P.150）
- **12b** AOpは9個。Prcは尾柄の下縁に2個。吻端は上あごの前端よりもいちじるしく前にとびだす →⑬へ

⑬
- **13a** 1番目から3番目のAOpは臀鰭の上方にある →**ブタハダカ**（P.139）
- **13b** 1番目から5番目のAOpは臀鰭の上方にある →**ナガハナハダカ**（P.139）

深海魚はどうやって子どもを残すの？

第2グループ（12種）

②A

②B

②C

②D

②E

②F

深海魚はどうやって子どもを残すの？

127

②G

②H

②I

128

②J

②K

②L

深海魚はどうやって子どもを残すの？

129

ハダカイワシ類の種名を調べるキー　第2グループ

②A〜②Lの特徴をよく観察し、あてはまる番号に進んでください。
答え合わせは140〜141ページへ。

⑭　14a　背鰭の基底は臀鰭の基底より長い →⑮へ
　　14b　背鰭の基底は臀鰭の基底とほぼ同じ長さ →⑰へ
　　14c　臀鰭の基底は背鰭の基底よりも明らかに長い →㉕（第3グループ）へ

スタート！

⑮　15a　いちばん上のSAOとPolは側線のかなり下にある
　　　　　→**ハクトウハダカ**（P.140）
　　15b　いちばん上のSAOとPolは側線に近い。
　　　　　Polは2個で水平にならぶ →⑯へ

⑯　16a　背鰭は少し大きい。いちばん長い背鰭条は頭長よりかなり短い。
　　　　　背鰭は21〜24本。背鰭の前の下から背鰭の後端の下方に
　　　　　1列にならぶ発光器に似た発光組織がある
　　　　　→**イサリビハダカ**（P.140）
　　16b　背鰭は大きい。いちばん長い背鰭条は頭長とほぼ同じ長さ。
　　　　　背鰭は26本。背鰭の下の
　　　　　発光組織がはっきりしない
　　　　　→**オオセビレハダカ**（P.140）

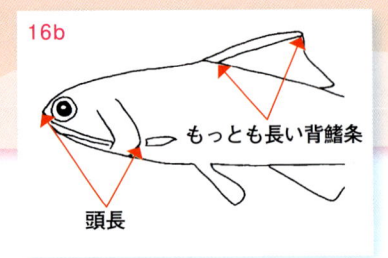

16b
もっとも長い背鰭条
頭長

⑰　17a　尾柄に濃い黒い色素で囲まれた細長い発光腺がある
　　　　　→**ホタルビハダカ**（P.140）
　　17b　尾柄に黒い色素で囲まれた発光腺がない →⑱へ

⑱　18a　眼が大きく、頭長の約1/3 →**ゴコウハダカ**（P.140）
　　18b　眼が小さく、頭長の約1/4 →⑲へ

⑲ **19a** PLO、いちばん上のSAOとPolは側線のすぐ下にある →⑳へ
19b PLO、いちばん上のSAOとPolは側線のかなり下にある →㉔へ

⑳ **20a** VLOは側線のかなり下にある →㉑へ
20b VLOは側線のすぐ下にある →㉓へ

㉑ **21a** 胸鰭は短く、腹鰭の始部に届かない
→**ミカドハダカ**（P.140）
21b 胸鰭は長く、腹鰭の始部を越える →㉒へ

㉒ **22a** 1番目と2番目のSAOはほぼ水平線上にならぶ
→**ニジハダカ**（P.141）
22b 2番目のSAOは1番目のかなり下にある
→**スタインハダカ**（P.141）

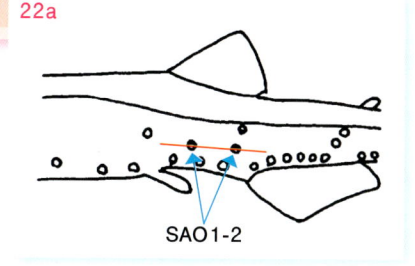

22a
SAO1-2

㉓ **23a** 胸鰭がない →**ヒレナシトンガリハダカ**（P.141）
23b 胸鰭がある →**トンガリハダカ**（P.141）

㉔ **24a** 背鰭、臀鰭、尾鰭は黒い →**セッキハダカ**（P.141）
24b 背鰭、臀鰭は暗色。尾鰭の基底部は黒く、
先端は淡色 →**コヒレハダカ**（P.141）

深海魚はどうやって子どもを残すの？

第3グループ（15種）

③A

③B

③C

③D

③E

③F

③G

深海魚はどうやって子どもを残すの？

133

③H

③I

③J

③K

134

③L

③M

③N

③O

深海魚はどうやって子どもを残すの？

135

ハダカイワシ類の種名を調べるキー 第3グループ

③A〜③Oの特徴をよく観察し、あてはまる番号に進んでください。
答え合わせは142〜144ページへ。

㉕ 25a 眼の下と上あごの間に1個の発光器がある →**ソコハダカ**（P.142）
　　25b 眼のすぐ下に発光器がない →㉖へ

㉖ 26a Polは2個 →㉗へ
　　26b Polは1個 →㉚へ

㉗ 27a PLOは側線と胸鰭の基底上端の中間にある。
　　　Prcは2個で、上のものは側線に近く、
　　　下のものは尾柄の下縁にある →㉘へ
　　27b PLOは胸鰭の基底上端よりも側線に近く、発光器1個分下にある。
　　　Prcは3個で、尾鰭の基底の上にあり、いちばん上のものは
　　　側線の上か、それに近いところにある →㉙へ
　　27c PLOは側線に近い。Prcのいちばん上のものは
　　　尾鰭の基底よりうしろにある
　　　→**ホソトンガリハダカ**（P.142）

㉘ 28a 胸鰭の基底の上端は眼の中央より上にある。
　　　臀鰭は21〜25本 →**ドングリハダカ**（P.142）
　　28b 胸鰭の基底の上端は眼の中央より下にある。
　　　臀鰭は18〜21本 →**ツマリドングリハダカ**（P.142）

㉙ 29a AOaの2番目と3番目は上がらない →**トミハダカ**（P.142）
　　29b AOaの2番目と3番目は上がる →**マメハダカ**（P.143）

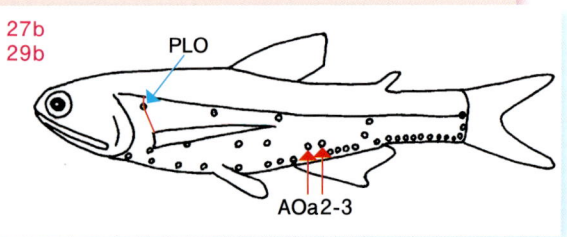

㉚ **30a** 3個のSAOはまっすぐか、少しまがる →㉛へ
　　30b 3個のSAOは強くまがる →㉜へ

㉛ **31a** いちばん上のSAOとPolは側線の上にある
　　　　→**イタハダカ**（P.143）
　　31b いちばん上のSAOとPolは側線の下にある →㉝へ

㉜ **32a** 1番目のAOpのみが臀鰭の基底後部の上にある
　　　　→**マガリハダカ**（P.143）
　　32b 1番目から4番目、または5番目までのAOpが
　　　　臀鰭の基底後部の上にある →**ナガハダカ**（P.143）

㉝ **33a** 体はずんぐりし、体高は体長の約30％以上。
　　　　AOpは3個 →**ヒシハダカ**（P.143／P.151）
　　33b 体は細長く、体高は体長の27％以下 →㉞へ

㉞ **34a** Polは脂鰭の始部の真下より
　　　　うしろにある →㉟へ
　　34b Polは脂鰭の始部の真下より
　　　　前にある →㊱へ

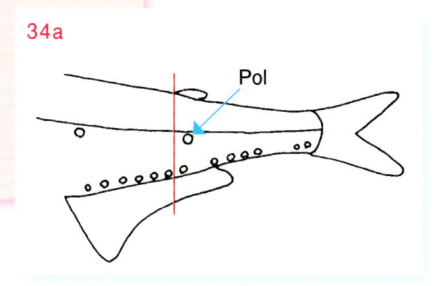

34a
Pol

㉟ **35a** AOpは7個 →**ススキハダカ**（P.144）
　　35b AOpは4個 →**ヒサハダカ**（P.144）

㊱ **36a** AOpは7個 →**イバラハダカ**（P.144）
　　36b AOpは6個 →**アラハダカ**（P.144）
　　36c AOpは3個 →**ウスハダカ**（P.144）

深海魚はどうやって子どもを残すの？

137

答えと解説　第1グループ（13種）

①A
体長3.7cm（写真個体）

ホソミカヅキハダカ *Bolinichthys longipes*
ハダカイワシ科
虹彩の後部に三日月形の白色の組織がある。胸鰭は長く、臀鰭の始部を越える。いちばん上のSAO、PolおよびPrcは側線より上にある。4番目のPOはとても高い。

生息深度　525～725m。夜は50～150m
日本分布　琉球列島と小笠原諸島海域
世界分布　太平洋、インド洋

①B
体長5.6cm（写真個体）

クロハダカ *Taaningichthys minimus*
ハダカイワシ科
体は黒くてとても細長い。尾柄の上と下に黒い色素で縁取られた細長い発光腺がある。発光器は小さく、いちばん上のSAOとPolは側線のかなり下に、いちばん上のPrcは側線の後端の上にある。虹彩の後部に三日月形の白色の組織がある。

生息深度　600～900m
日本分布　小笠原諸島近海
世界分布　太平洋、インド洋、大西洋

①C
体長4.7cm（写真個体）

チヒロクロハダカ *Taaningichthys paurolychnus*
ハダカイワシ科
体は黒くてとても細長い。尾柄の上と下に黒い色素で縁取られた細長い発光腺があるが、ふつうの丸い発光器がない。虹彩の後部に三日月形の白色の組織がある。

生息深度　1,800m
日本分布　小笠原諸島近海
世界分布　太平洋、インド洋、大西洋

①D
体長6.1cm（写真個体）

ダイコクハダカ *Diaphus metopoclampus*
ハダカイワシ科
体の前半部はとても高く、体高は頭長と同じ。吻は丸くて短く、銀白色。Prcは4個で、4番目は側線の少し下にある。SAOは3個あり、ななめ直線状で、いちばん上のものは側線のすぐ下にある。吻端から銀白色の発光帯が眼の中央下近くまで伸びる。

生息深度　中深層
日本分布　東北地方以南太平洋
世界分布　太平洋、インド洋、大西洋の熱帯・亜熱帯海域

①E
体長5.7cm（写真個体）

エビスハダカ *Diaphus brachycephalus*
ハダカイワシ科
体は高く、眼が大きい。吻は丸くて短い。Prcは4個。SAOは3個あり、ほぼななめ直線状。いちばん上のSAOとPolは側線のかなり下にある。PLOは眼の中央水平線よりもかなり下にある。POは5個で、4番目は高い。

生息深度　中深層
日本分布　本州中部以南太平洋
世界分布　太平洋、インド洋、大西洋の熱帯・亜熱帯海域

①F
体長5.6cm（写真個体）

シロハナハダカ *Diaphus perspicillatus*
ハダカイワシ科
吻は短く、銀白色。PLOは側線と胸鰭基底上端の中間にある。いちばん上のSAOとPolは側線に接する。

生息深度　中深層。夜は浅いところまで浮上する
日本分布　銚子より南の太平洋
世界分布　太平洋、インド洋、大西洋の熱帯・亜熱帯海域

①G

体長12.5cm（写真個体）

クロシオハダカ *Diaphus kuroshio*
ハダカイワシ科

吻は丸くて短く、銀白色。PLOは側線と胸鰭基底上端の中間にある。いちばん上のSAO、PolおよびPrcは側線よりも発光器1個分下にある。AOpは4個。最後のAOaと最初のAOpの間隔は最後のAOpと最初のPrcの間隔と同じ。

生息深度　中深層
日本分布　北海道の太平洋から駿河湾
世界分布　北太平洋の温帯海域

①H

体長15.6cm（写真個体）

ナミダハダカ *Diaphus knappi*
ハダカイワシ科

眼の前下方に長円形の銀白色の斑紋がある。いちばん上のSAOとPolは側線のわずかに下にある。Prcは4個で、いちばん上のものは側線に近い。SAOは3個でほぼななめ直線状であり、2番目と3番目の間隔は広い。AOaは6個で、1番目と6番目が高い。AOpは4個。

生息深度　322～620m
日本分布　土佐湾、九州・パラオ海嶺
世界分布　南太平洋、西部インド洋

①I

体長6.7cm（写真個体）

スイトウハダカ *Diaphus gigas*
ハダカイワシ科

吻は丸くて短く、銀白色。いちばん上のSAOとPolは側線のわずかに下にある。Prcは4個で、いちばん上のものは側線に近い。SAOは3個でほぼななめ直線状。POは5個で、4番目は高い。AOaは5個で、1番目と5番目が高い。AOpは5個。

生息深度　中深層
日本分布　東北地方以南太平洋
世界分布　西太平洋の温帯・亜熱帯海域

①J

体長7.4cm（写真個体）（今村央氏提供）

トドハダカ *Diaphus theta*
ハダカイワシ科

1番目と2番目のAOaはほぼ同じ高さにならぶ。Prcは4個。SAO、PolおよびPrcのいちばん上のものは側線のかなり下にある。AOpは5個。

生息深度　中深層
日本分布　北海道太平洋～鹿島灘沖
世界分布　北太平洋の亜寒帯海域

①K

ホクヨウハダカ *Tarletonbeania taylori*
ハダカイワシ科

解説→P.150

①L

体長3.1cm（写真個体）

ブタハダカ *Centrobranchus nigroocellatus*
ハダカイワシ科

吻はとびだして、口は下に開き、尾柄はとても細長い。眼の前にある嗅葉（白い部分）は円形。1番目から3番目のAOpは臀鰭の上にある。AOaとAObは1列にならぶ。2個のPrcは尾柄の下縁にならぶ。

生息深度　中深層
日本分布　東北地方以南
世界分布　北太平洋の温帯海域

①M

体長5.2cm（写真個体）

ナガハナハダカ *Centrobranchus chaerocephalus*
ハダカイワシ科

吻はとびだして、口は下に開き、尾柄はとても細長い。眼の前にある嗅葉（白い部分）は長円形。1番目から5番目のAOpは臀鰭の上にある。AOaとAOpは1列にならぶ。

生息深度　中深層
日本分布　琉球列島近海
世界分布　太平洋の熱帯海域

第2グループ（12種）

②A 体長6.3cm（写真個体）

ハクトウハダカ *Lobianchia gemellarii*
ハダカイワシ科

体は高い。オスは尾柄の上に、メスは尾柄の下に発光腺がある。背鰭の基底は臀鰭の基底よりも長い。いちばん上のSAO、Pol、Prcは側線のかなり下にある。Prcは4個で、2番目から4番目はななめに上昇する。

- 生息深度　中深層
- 日本分布　東北地方以南の太平洋
- 世界分布　太平洋、インド洋、大西洋の暖海域

②B 体長2.7cm（写真個体）

イサリビハダカ *Notoscopelus resplendens*
ハダカイワシ科

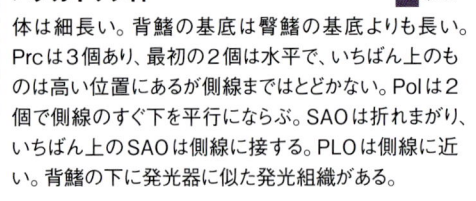

体は細長い。背鰭の基底は臀鰭の基底よりも長い。Prcは3個あり、最初の2個は水平で、いちばん上のものは高い位置にあるが側線まではとどかない。Polは2個で側線のすぐ下を平行にならぶ。SAOは折れまがり、いちばん上のSAOは側線に接する。PLOは側線に近い。背鰭の下に発光器に似た発光組織がある。

- 生息深度　中深層
- 日本分布　東北地方以南の太平洋
- 世界分布　太平洋、インド洋、大西洋の暖海域

②C 体長12cm（写真個体）

オオセビレハダカ *Notoscopelus caudispinosus*
ハダカイワシ科

体は太くがんじょうで、背鰭の始部がもっとも高い。吻はとがり、眼は吻端にある。背鰭の基底は臀鰭の基底よりも長い。鱗ははがれやすい。Polは2個で側線と平行してならぶ。PLOおよびいちばん上のSAOとPrcは側線のすぐ下にある。

- 生息深度　中深層
- 日本分布　南日本の太平洋
- 世界分布　太平洋、インド洋、大西洋の暖海域

②D 体長3.5cm（写真個体）

ホタルビハダカ *Lampadena urophaos*
ハダカイワシ科

体は細くて短い。尾柄の上と下に濃い黒い色素で囲まれた大きな発光腺がある。背鰭の基底は臀鰭の基底とほぼ同じ長さ。Prcは3個あり、最初の2個は水平で、尾柄の下縁に、いちばん上のものは側線の後端上にある。SAOは3個で少しまがる。いちばん上のSAOとPolは側線に近い。

- 生息深度　中深層
- 日本分布　本州の中部以南の太平洋
- 世界分布　太平洋、大西洋の亜熱帯海域

②E 体長4.3cm（写真個体）

ゴコウハダカ *Ceratoscopelus townsendi*
ハダカイワシ科

体は細長く、尾部に向かって細くなる。吻は丸い。眼が大きい。背鰭の基底は臀鰭の基底とほぼ同じ長さ。SAOはまがらない。Polは1個。最後のAOaは高い。PLO、いちばん上のSAOと Polは側線上またはそれに近い。

- 生息深度　中深層
- 日本分布　東北地方以南の太平洋
- 世界分布　太平洋、インド洋、大西洋の暖海域

②F 体長17.4cm（写真個体）

ミカドハダカ *Nannobrachium regale*
ハダカイワシ科

眼が小さい。背鰭の基底は臀鰭の基底とほぼ同じ長さ。胸鰭は短い。VLOは側線のはるかに下。いちばん上のPrcは側線上にある。SAOはまがる。

- 生息深度　1,000mより浅いところ。
- 日本分布　北海道・東北地方の太平洋沖
- 世界分布　北太平洋の亜寒帯海域

第4章

②G

体長2.9cm(写真個体)

ニジハダカ *Lampanyctus festivus*
ハダカイワシ科

体は細長く、特に尾部は低い。背鰭の基底は臀鰭の基底とほぼ同じ長さ。SAOは直角にまがり、1番目と2番目はVLOとほぼ水平にならぶ。いちばん上のSAOとPolおよびPrcは側線の上にある。

生息深度　中深層
日本分布　東北地方以南の太平洋、小笠原諸島沖
世界分布　太平洋、インド洋、大西洋の暖海域

②H

体長5.3cm(写真個体)

スタインハダカ *Lampanyctus steinbecki*
ハダカイワシ科

体は細長い。眼は小さい。背鰭の基底は臀鰭の基底とほぼ同じ長さ。発光器は小さく、いちばん上のPLOとVLO、いちばん上のSAO、いちばん上のPolおよびPrcは側線のすぐ下または側線上にある。胸鰭はとても長く、臀鰭の中央部まで伸びる。

生息深度　300mより深いところ
日本分布　黒潮流域
世界分布　太平洋、インド洋の熱帯海域

②I

体長15.5cm(写真個体)

ヒレナシトンガリハダカ *Nannobrachium sp.*
ハダカイワシ科

胸鰭はない。眼は小さい。発光器は小さい。PLO、VLO、いちばん上のSAOとPolは側線のすぐ下に、いちばん上のPrcは側線の少し上方にある。SAOはよくまがる。頬に発光器がない。背鰭の基底は臀鰭の基底とほぼ同じ長さ。

生息深度　1,000mより浅いところ
日本分布　東北地方太平洋、小笠原諸島海域
世界分布　北太平洋の温帯海域

②J

体長15.8cm(写真個体)

トンガリハダカ *Nannobrachium nigrum*
ハダカイワシ科

体は細長く、頭の後端から尾柄までの体高の高低にそれほど差がない。眼は小さい。発光器はとても小さく、はなれやすい。PLO、VOL、いちばん上のSAOとPolおよびPrcは側線に近い。背鰭の基底は臀鰭の基底とほぼ同じ長さ。胸鰭は短い。

生息深度　中深層
日本分布　本州の中部以南の太平洋
世界分布　太平洋の暖海域

②K

体長6.7cm(写真個体)(藍澤正宏氏提供)

セッキハダカ *Stenobrachius nannochir*
ハダカイワシ科

眼は小さい。背鰭の基底は臀鰭の基底とほぼ同じ長さ。PLO、いちばん上のSAOとPolは側線のかなり下方にある。Prcは3個。SAOは3個で直線状にならぶ。4番目のPOのみかなり上にある。

生息深度　中深層。夜でも300mより浅いところには浮上しない
日本分布　北海道・東北地方の太平洋沖
世界分布　オホーツク海、北太平洋

②L

体長7.2cm(写真個体)

コヒレハダカ *Stenobrachius leucopsarus*
ハダカイワシ科

眼は小さい。背鰭の基底は臀鰭の基底とほぼ同じ長さ。胸鰭は短い。PLO、いちばん上のSAOとPolは側線のかなり下方にある。SAOは直線状にならぶ。Prcは4個。POは5個で、4番目はかなり上にある。

生息深度　1,250～1,310m。夜は浅いところまで浮上する
日本分布　北海道・東北地方の太平洋沖
世界分布　北太平洋、ベーリング海

深海魚はどうやって子どもを残すの？

第3グループ（15種）

③A
体長3cm（写真個体）

ソコハダカ *Benthosema suborbitale*
ハダカイワシ科
体は頭の後端がもっとも高く、尾柄部がもっとも低い。吻は丸く、眼は大きい。背鰭の基底は臀鰭の基底より短い。眼の中央部の下と上あごとの間に発光器がある。Prcは2個で、小さく、上のものは側線上に、下のものは尾柄の下縁にあり、2個はとてもはなれている。PLOは胸鰭の始部の上端と側線の中間よりも低い。いちばん上のSAOとPolは側線上にある。

生息深度　600〜650m。夜は100mまで浮上する
日本分布　駿河湾、琉球列島、小笠原諸島近海
世界分布　太平洋、インド洋、大西洋の熱帯・亜熱帯海域

200m / 6,000m

③B
体長11.1cm（写真個体）

ホソトンガリハダカ *Lampanyctus nobilis*
ハダカイワシ科
体は細長く、頭の後端から尾柄までの体高の高低にそれほど差がない。眼は小さい。発光器はとても小さい。背鰭の基底は臀鰭の基底より短い。PLO、いちばん上のSAOとPolおよびPrcは側線に近く、Prcは尾鰭の基底よりもかなりうしろにある。Polは2個。

生息深度　中深層。夜は100〜200mまで浮上する
日本分布　東北地方以南の太平洋
世界分布　太平洋、インド洋、大西洋の熱帯海域

200m / 6,000m

③C
体長5.2cm（写真個体）

ドングリハダカ *Hygophum reinhardtii*
ハダカイワシ科
眼は大きい。胸鰭の基底の上端は眼の中央より上にある。PLO、いちばん上のSAOとPolおよびPrcは側線に近い。Prcは2個。PVOは水平にならばない。AOaとAOpは連続しない。PLOは胸鰭の基底の上端より上にある。背鰭の基底は臀鰭の基底より短い。

生息深度　中深層。夜は浅いところまで浮上する。駿河湾の三保半島で打ち上げられることがある
日本分布　本州中部以南の太平洋
世界分布　太平洋、大西洋の温帯海域

200m / 6,000m

③D
体長5.0cm（写真個体）

ツマリドングリハダカ *Hygophum proximum*
ハダカイワシ科
眼は大きい。いちばん下のSAOは2番目より3番目のVOに近い。胸鰭の基底の上端は眼の中央より下にある。PVOは水平にならばない。AOaはほぼ水平。背鰭の基底は臀鰭の基底より短い。

生息深度　中深層
日本分布　駿河湾以南
世界分布　太平洋、インド洋の熱帯海域

200m / 6,000m

③E
体長2.9cm（写真個体）

トミハダカ *Lampanyctus alatus*
ハダカイワシ科
体は細長く、特に尾部は低い。眼は小さい。脂鰭の前に発光組織がある。頬に小さい1個の発光器がある。いちばん上のVLO、SAO、PolおよびPrcは側線に近い。2番目と3番目のAOaは上がらない。尾柄部の上と下に細長い発光腺がある。背鰭の基底は臀鰭の基底より短い。

生息深度　中深層
日本分布　東北地方以南の太平洋
世界分布　太平洋、インド洋、大西洋の暖海域

200m / 6,000m

第4章

③F

体長11.5cm(写真個体)

マメハダカ *Lampanyctus jordani*
ハダカイワシ科
2番目と3番目のAOaはほかのAOaより上方にある。SAO、PolおよびPrcのいちばん上のもの、VLOは側線に近い。4番目のPOはかなり上方にある。背鰭の基底は臀鰭の基底より短い。

生息深度　中深層。夜でも200mより浅いところには浮上しない
日本分布　北海道太平洋から熊野灘
世界分布　オホーツク海、北太平洋

③G

体長2cm(写真個体)

イタハダカ *Diogenichthys atlanticus*
ハダカイワシ科
吻は丸く、眼は大きい。PLOは胸鰭の始部の上端と側線の中間よりも高いところにある。SAOはほぼまっすぐ。いちばん上のSAOとPolは側線の上方にある。Prcは2個で、上のものは側線よりかなり下にあり、下のものからかなりはなれる。2番目のVOはほかの3個より高いところにある。背鰭の基底は臀鰭の基底より短い。

生息深度　600〜650m。夜は100mまで浮上する
日本分布　駿河湾、琉球列島、小笠原諸島近海
世界分布　太平洋、インド洋、大西洋の暖海域

③H

体長7.8cm(写真個体)

マガリハダカ *Symbolophorus evermanni*
ハダカイワシ科
1番目のAOpだけが臀鰭の基底の上方にある。SAOは三角形状にまがり、1番目と2番目の間隔は2番目と3番目より広い。Polは1個。VOLは1番目と2番目のSAOとほぼ同じ高さにある。背鰭の基底は臀鰭の基底より短い。

生息深度　400〜700m
日本分布　東北地方以南の太平洋沖
世界分布　太平洋、インド洋の熱帯海域

③I

体長10.1cm(写真個体)

ナガハダカ *Symbolophorus californiensis*
ハダカイワシ科
1番目から4番目、または5番目までのAOpが臀鰭の基底の上方にある。SAOは三角形状にまがり、同じ間隔にならぶ。いちばん下のSAOは2番目と3番目のVOの間の上にある。Polは1個。背鰭の基底は臀鰭の基底より短い。

生息深度　中深層
日本分布　北海道太平洋から土佐湾
世界分布　北太平洋

③J

ヒシハダカ *Myctophum selenops*
ハダカイワシ科
解説→P.151

深海魚はどうやって子どもを残すの？

③M

体長9.3cm（写真個体）

イバラハダカ *Myctophum spinosum*
ハダカイワシ科
鱗ははがれにくい。SAOは少しまがる。いちばん下のSAOは3番目と4番目のVOの間の上にある。AOpは7個。Polは脂鰭の始部の真下より前にある。背鰭の基底は臀鰭の基底より短い。

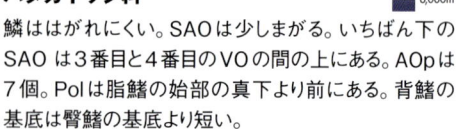

生息深度　中深層
日本分布　東北地方以南の太平洋
世界分布　太平洋、インド洋の亜熱帯海域

③K

体長8.0cm（写真個体）

ススキハダカ *Myctophum nitidulum*
ハダカイワシ科
SAOは側線に向かって直線状にならぶ。いちばん下のSAOは4番目のVOの上方にある。Polは1個。いちばん上のSAOとPolは発光器1個分下にある。AOpは7個。Prcは2個で、側線のかなり下方にある。背鰭の基底は臀鰭の基底より短い。

生息深度　中深層。夜には表層近くまで浮上する
日本分布　北海道南部以南
世界分布　太平洋、インド洋、大西洋の暖海域

③N

体長5.9cm（写真個体）

アラハダカ *Myctophum asperum*
ハダカイワシ科
SAOは少しまがる。いちばん下のSAOは3番目のVOのうしろにある。AOpは6個。Polは脂鰭の始部の真下より前にある。背鰭の基底は臀鰭の基底より短い。

生息深度　中深層。夜は表層に浮上する
日本分布　北海道以南の太平洋
世界分布　太平洋、インド洋、大西洋の暖海域

③L

体長5.3cm（写真個体）

ヒサハダカ *Myctophum obtusirostre*
ハダカイワシ科
PLOは側線よりも胸鰭の基底の上端に近い。いちばん下のSAOは3番目と4番目のVOの間の上にある。AOpは4個。Polは脂鰭の始部の真下よりうしろにある。Prcは尾柄の下縁に2個水平にならぶ。背鰭の基底は臀鰭の基底より短い。

生息深度　中深層。夜には表層まで浮上する
日本分布　駿河湾
世界分布　太平洋、インド洋、大西洋の熱帯海域

③O

体長8.4cm（写真個体）

ウスハダカ *Myctophum orientale*
ハダカイワシ科
体は高く、ずんぐりしている。SAOは側線に向かって直線状にならぶ。いちばん下のSAOは3番目と4番目のVOの間にある。AOaは7個、AOpは3個。Polは1個で、脂鰭の始部の真下より前にある。背鰭の基底は臀鰭の基底より短い。

生息深度　中深層。夜は表層近くまで浮上する
日本分布　東北地方以南の太平洋
世界分布　西部北太平洋

(3) ソコダラ類はおしりのあかりで仲間を見分ける!

　ソコダラ類は世界で約350種、日本では67種が知られており、そのほとんどの種類は肛門の前に発光器をもっています。長短の棒状や円形、ヒョウタン形など、発光器の形は種によってそれぞれちがいます。

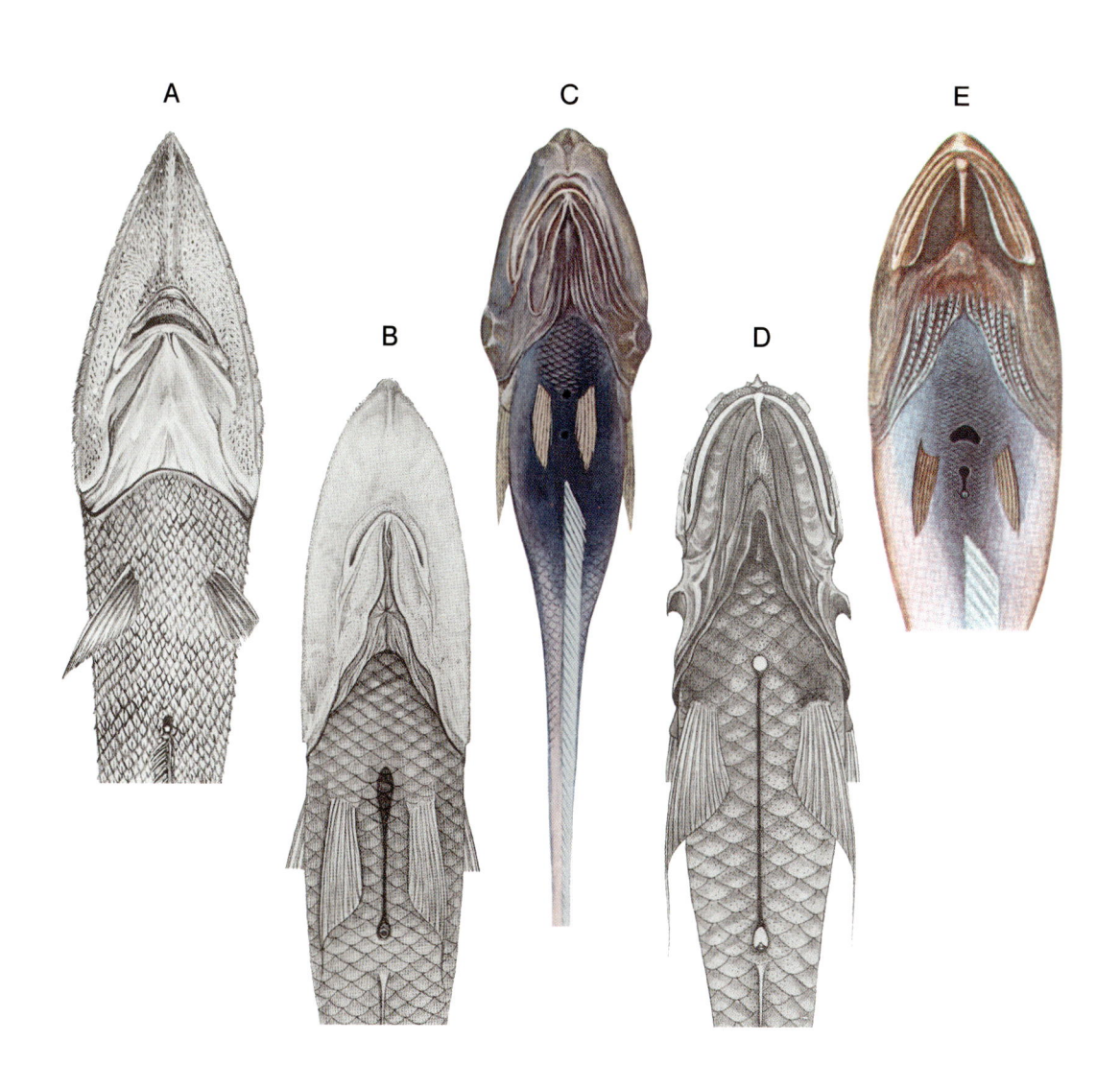

図60　いろいろなソコダラ類の腹面の発光器：A オニヒゲ／B キュウシュウヒゲ／C サガミソコダラ／D スジダラ／E ニホンマンジュウダラ (Okamura 1970より)

体長47.2cm（写真個体）

ニホンマンジュウダラ
Malacocephalus nipponensis
ソコダラ科

発光器は肛門の前に2個あり、前のものは三日月形で、うしろのものは円形。頭と腹部はふくらみ、尾部はヒモ状に伸びる。

生息深度　350〜550m
日本分布　南日本の太平洋、九州・パラオ海嶺、東シナ海

体長21cm（写真個体）

サガミソコダラ
Ventrifossa garmani
ソコダラ科

発光器はとても小さい円形で、肛門のかなり前方の腹鰭の基部の間にある。吻はあまりつきださない。口は小さく、頭の下面に開く。尾部は細長く、ヒモ状。

生息深度　300〜700m
日本分布　南日本の太平洋岸、東シナ海

体長26cm（写真個体）

オキナヒゲ
Ventrifossa longibarbata
ソコダラ科

発光器はとても小さい円形で、腹鰭の基部の間と、肛門の前にある。吻はあまりつきださない。下あごの下面に長いヒゲがある。尾部は細長く、ヒモ状。

生息深度　325〜750m
日本分布　南日本の太平洋岸、沖縄舟状海盆、九州・パラオ海嶺

200m
6,000m

体長18cm（写真個体）

スジダラ
Hymenocephalus striatissimus
ソコダラ科

長い発光器が、肛門から腹鰭の前まで伸びる。尾部は細長く、ヒモ状。口は頭の前端に開く。

生息深度　300〜500m
日本分布　南日本の太平洋、九州・パラオ海嶺、東シナ海

200m
6,000m

ワニダラ
Hymenocephalus longiceps
ソコダラ科

長い発光器が、肛門から腹鰭の基部を越えて前へ伸びる。尾部は細長く、ヒモ状。口は頭の前端に開く。下あごのヒゲは眼の直径よりも長い。

生息深度　350〜555m
日本分布　三重県以南、九州・パラオ海嶺
世界分布　フィリピン沖

200m
6,000m

体長12.4cm（写真個体）

深海魚はどうやって子どもを残すの？

147

体長59cm（写真個体）

オニヒゲ
Coelorinchus gilberti
ソコダラ科
小さい発光器が肛門の前にある。頭はゴツゴツし、吻はするどくとがる。尾部は長く、ヒモ状で、後端に向かって細くなる。

生息深度　700〜930m
日本分布　北海道以南の太平洋、九州・パラオ海嶺

体長19cm（写真個体）

キュウシュウヒゲ
Coelorinchus jordani
ソコダラ科
発光器は少し長く、肛門の前から腹鰭の基部を越えて伸びる。頭に弱い盛りあがりがある。吻は短く、前端に鈍い3本のトゲある。

生息深度　143〜380m
日本分布　駿河湾以南、東シナ海

ヤリヒゲ
Coelorinchus multispinulosus
ソコダラ科
発光器は長く、肛門の前から喉の近くまで伸びる。頭の下面に褐色の短いヒゲがたくさんある。吻は長く、よくとがる。

生息深度　146〜300m
日本分布　若狭湾、駿河湾以南、東シナ海

体長22cm（写真個体）

03 光で合図するオスとメス

　ミツマタヤリウオ類は、オスとメスで発光器のある場所や形がまったくちがいます（図61）。ハダカイワシ類でもオスとメスでちがう発光器をもつ種類がいます（図62）。彼らはちがった光を送って交信しています。

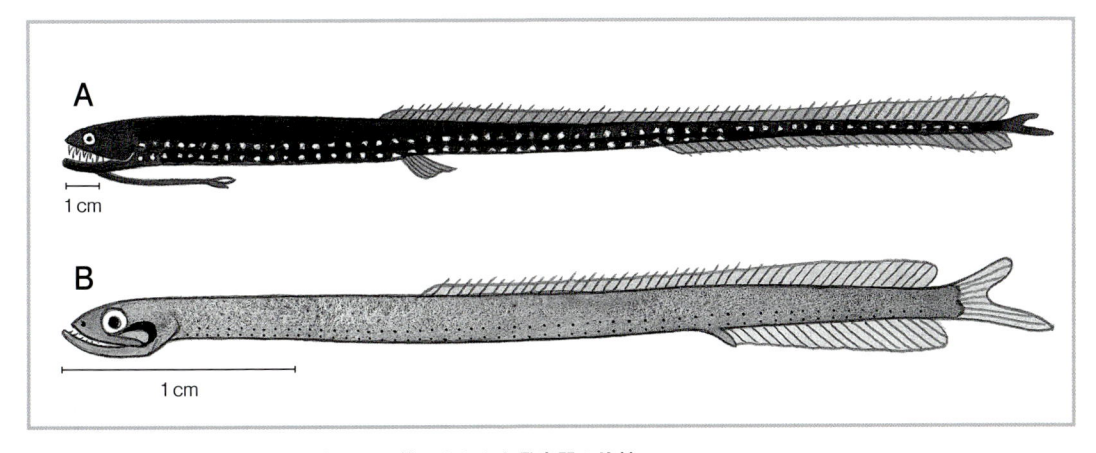

図61　ミツマタヤリウオのオスとメスの体の大きさと発光器の比較：
　　　　A メス（体長26.7cm）／B オス（体長3.8cm）（Beebe 1934より略写）

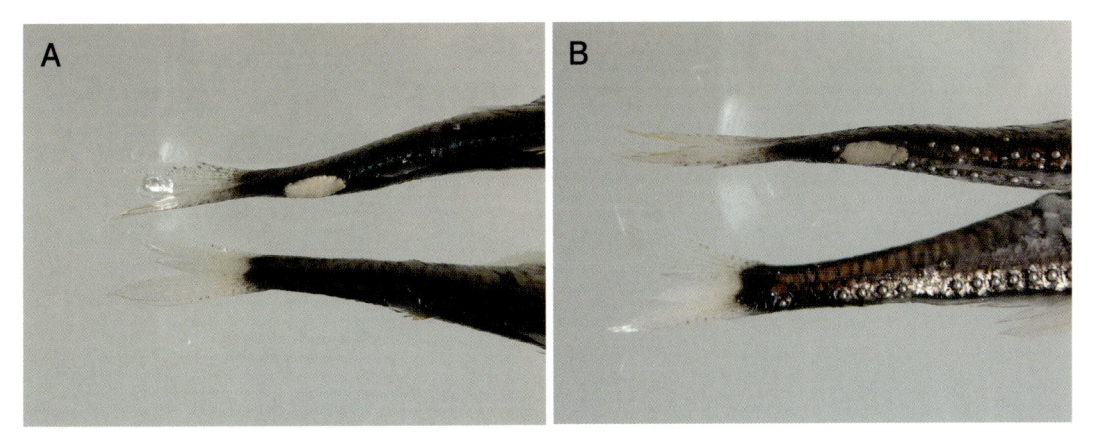

図62　ホクヨウハダカの尾部の発光腺（上オス、下メス）：A 背面／B 腹面

<メス>

ミツマタヤリウオ
Idiacanthus antrostomus
ミツマタヤリウオ科
体は細長く、ヘビ状。両あごにするどい歯がある。ヒゲが長く、先に白色の発光器がある。頭と体に小さな発光器がたくさん散らばる。

生息深度　400～1,500m
日本分布　北海道以南の太平洋
世界分布　北太平洋の温帯海域

体長32.8cm（写真個体／♀）

ホクヨウハダカ
Tarletonbrania taylori 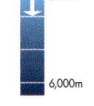
ハダカイワシ科
体の前半部は高く、後半部は低い。尾柄は細い。吻は丸く、上あごの前端は吻端の少しうしろ。側線はない。AOaは10～13個で、最後のものは上がる。Prcは1個。オスは尾柄の上部と下部に発光腺があるが、メスにはない。

生息深度　1,000mより浅いところ。夜は表層近くまで浮上する
日本分布　駿河湾以北
世界分布　北西太平洋

<メス>

体長6.5cm（写真個体／♀）

<オス>

体長7.5cm（写真個体／♂）

第4章

150

ヒシハダカ
Myctophum selenops
ハダカイワシ科

200m 〜 6,000m

体はずんぐりしている。SAOはまがらない。いちばん上のSAOとPolは側線の下方にある。いちばん下のSAOはVOのうしろにある。Polは1個。AOpは3個。オスは尾柄の上部に発光腺があるが、メスにはない。背鰭の基底は臀鰭の基底より短い。

生息深度　中深層
日本分布　本州の中部以南の太平洋
世界分布　太平洋、インド洋、大西洋の熱帯・亜熱帯海域

＜メス＞
体長6.0cm（写真個体／♀）

＜オス＞
体長6.2cm（写真個体／♂）

深海魚はどうやって子どもを残すの？

151

04 オスより強そうなメス

　生物は一般的に、オスのほうが体ががんじょうで、立派なツノやヒゲをもつなど、メスより強くできています。しかしシギウナギは逆で、メスは長いクチバシのような口をもっていますが、オスにはありません（図63）。

　ミツマタヤリウオのメスはオスに比べて体がとても大きく、7倍以上もあります。また、あごの下に立派なヒゲをたくわえ、体の腹側面にたくさん大きな発光器がならんでいます。一方、オスは体が小さくて、あごにヒゲがなく、発光器がとても小さいです。そのかわりに眼の下に大きな発光器を1個もっています（P.149図61）。これでメスを探すのでしょう。

図63　シギウナギの頭部（上オス、下メス）

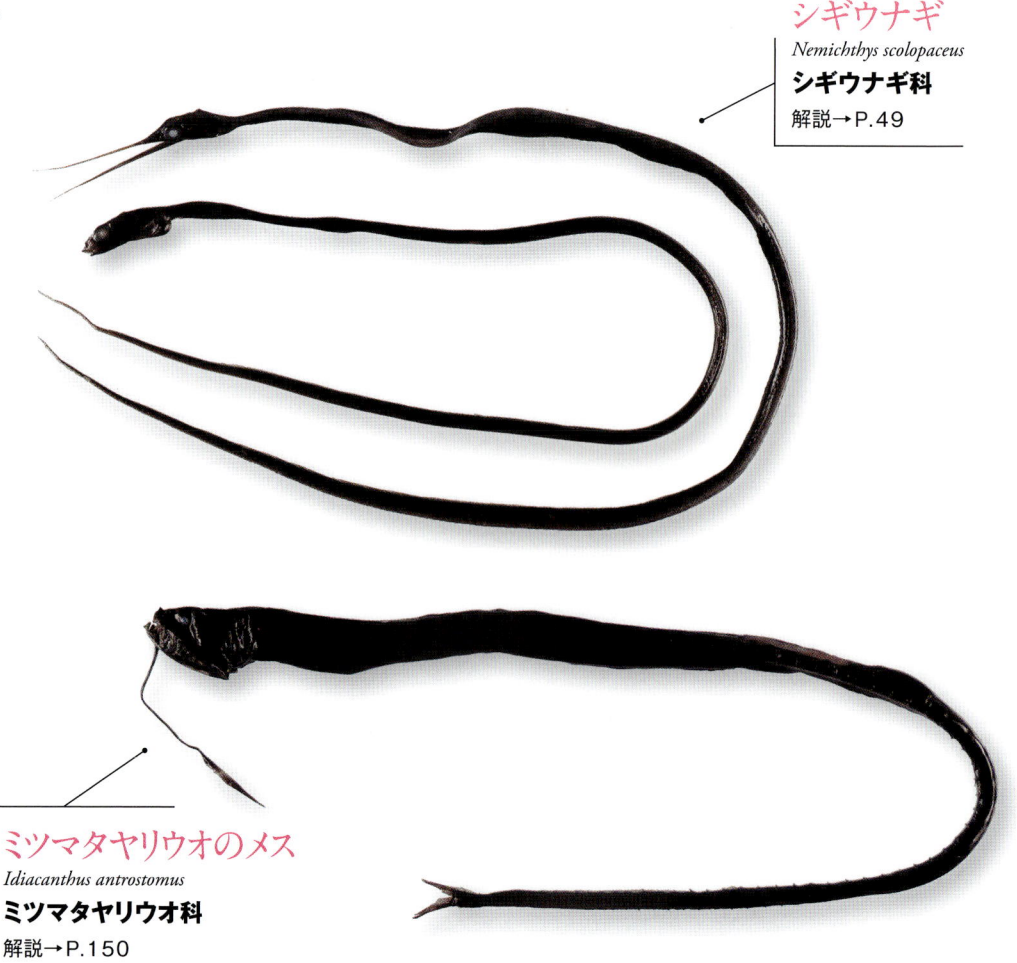

シギウナギ
Nemichthys scolopaceus
シギウナギ科
解説→P.49

ミツマタヤリウオのメス
Idiacanthus antrostomus
ミツマタヤリウオ科
解説→P.150

05 性転換(オス→メス)と雌雄同体(オス+メス)

ヨコエソ類やオニハダカ類は、小さいときにはオスで、大きくなるとメスになります。メスが卵を作るのにはたくさんのエネルギーを必要としますが、深海にはエサが多くありません。そこで彼らは、まずオスとして成熟し、体が大きくなってからメスになるのです（図64）。ヨコエソ類は1年間、オニハダカ類は3～4年間をオスで過ごし、オスからメスになる間に精巣と卵巣の両方をもつ時期があります（図65）。

アオメエソ類、ミズウオ類、ヤリエソ類などは、ひとつの体に卵巣と精巣を両方もっています。同じ種の数が少ない深海で、オスとメスのバランスをとるのに便利です。

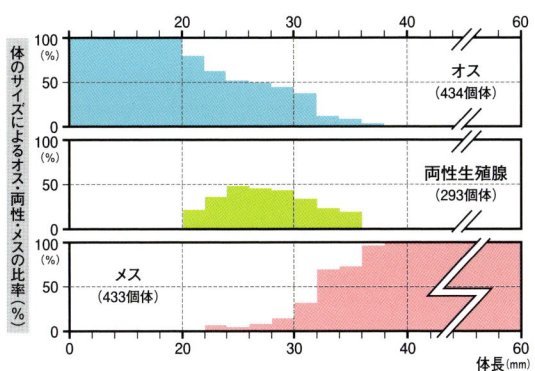

図64 体長からみたオニハダカのオスからメスになる比率（Miya & Nemoto 1985より改変）

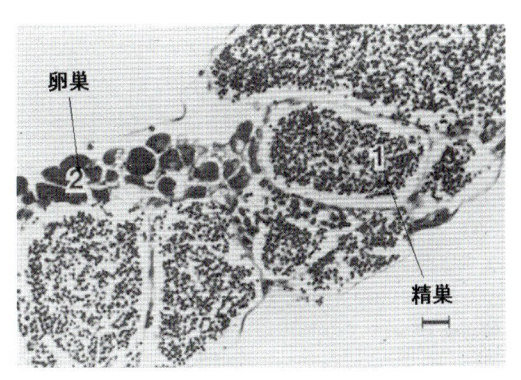

図65 オニハダカの卵と精子をもった生殖腺（両性生殖腺）（Miya & Nemoto 1985より）

体長12.9cm（写真個体）（藍澤正宏氏提供）

ヨコエソ
Sigmops gracilis
ヨコエソ科
体は細長くて、やせている。体の側面や腹側面に小さい発光器がならぶ。背側面に小さい発光器がある。生後1年間はオスで、7～9cmになるとメスになる。

生息深度　100～500m
日本分布　北海道の太平洋側から土佐湾
世界分布　北太平洋

オオヨコエソ
Sigmops elongatus
ヨコエソ科
解説→P.79

深海魚はどうやって子どもを残すの？

体長4.9cm (写真個体) (藍澤正宏氏提供)

オニハダカ
Cyclothone atraria
ヨコエソ科

口は大きく、頭の後部近くまで開く。眼はとても小さい。腹側面に小さな発光器がならぶ。オスからメスになる。体長は6.5cmほどにしかならない。

生息深度　500〜1,500m
日本分布　太平洋岸、小笠原諸島近海
世界分布　太平洋、インド洋、大西洋の温帯・熱帯海域

アオメエソ
Chlorophthalmus albatrossis
アオメエソ科

体は細長い円筒形で、眼が大きい。下あごの前端は上あごよりとびだす。脂鰭は臀鰭の上にある。

生息深度　300〜600mの海底
日本分布　相模湾以南、九州・パラオ海嶺

体長12.9cm (写真個体)

体長110cm (写真個体)

ミズウオ
Alepisaurus ferox
ミズウオ科

口は大きく、眼のうしろまで開く。下あごの歯は大きく、うしろに傾く。体はやわらかく、鱗や発光器がない。

生息深度　900〜1,400m
日本分布　北海道南部から南日本一帯
世界分布　太平洋、大西洋、地中海

テンガンヤリエソ
Evermannella bulbo
ヤリエソ科

体は平たく、鱗がない。眼は少し筒状で上を向く。上あごと下あごにするどい大きな剣状の歯がある。

生息深度　800m付近
世界分布　南太平洋、インド洋、大西洋

体長18.1cm (写真個体)

第4章

06 子どものままで大人になる

　大人になるためには、たくさん食べなければなりません。しかし、深海はエサが少ないため、むずかしいです。ゲンゲ類、ニセイタチウオ類、ソコオクメウオ類のなかには、子どものような体のままで大人になる種類がいます。そうすることで、体を作るためのエネルギーを節約しています。また体を軽くして海水の比重（ひじゅう）に近づけ、運動のエネルギーの消費をおさえる働きもしています。

体長7.1cm（写真個体）

ヤワラゲンゲ
Lycodapus microchir
ゲンゲ科
体はやわらかくて、皮ふは透明に近い。鱗、側線、腹鰭はない。体長は10cmほどにしかならない。

生息深度　1,000m付近
日本分布　琉球列島以北の太平洋、北海道のオホーツク海
世界分布　太平洋、オホーツク海、ベーリング海

ニセイタチウオ
Parabrotula plagiophthalma
ニセイタチウオ科
体はウナギ状でスベスベし、弱々しい。口は小さく、腹鰭はない。体長は6cmほどにしかならない。卵ではなく子どもを産む。

生息深度　1,900mより浅いところ
日本分布　岩手県以北の太平洋
世界分布　太平洋、インド洋、大西洋

体長4.9cm（写真個体）（木村清志氏提供）

体長7cm（写真個体）（藍澤正宏氏提供）

コンニャクハダカゲンゲ
Melanostigma orientale
ゲンゲ科
体はやわらかい。皮ふは体からはなれ、ブヨブヨしている。鱗と腹鰭はない。頭部と腹部をのぞいてほとんど透明に近い。

生息深度　1,250mより浅いところ
日本分布　駿河湾、相模湾、土佐湾

ミスジオクメウオ
Barathronus maculatus
ソコオクメウオ科
解説→P.157

深海魚はどうやって子どもを残すの？

155

07 卵と子ども

　ほとんどの深海魚は卵を産んでから体外で受精(じゅせい)させますが、サメ類やガンギエイ類のオスは腹鰭(はらびれ)が変形してできた1対のおチンチン(交尾器(こうびき))と、精子をおしだすためのサイフォンサックをもっていて、メスは交尾のあと、受精した卵か、子どもを産みます。ソコオクメウオ類やアシロ類は、オスが長い交尾器で精子の入ったカプセルをメスにわたし、メスは体内で受精させて子どもを産みます。卵をたくさん産んで体外で受精させるよりも、体内で受精して育てた卵や子どもを産んだほうが、生き残る率が高いからです。

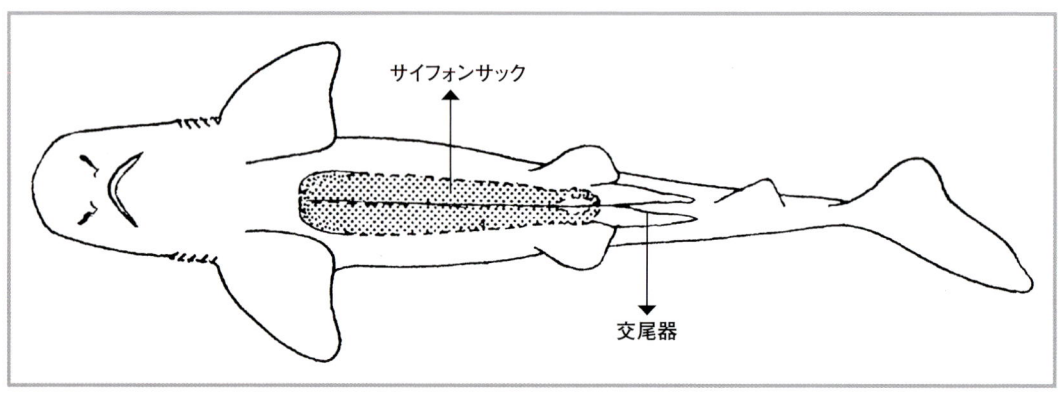

図66 サメ類の交尾器

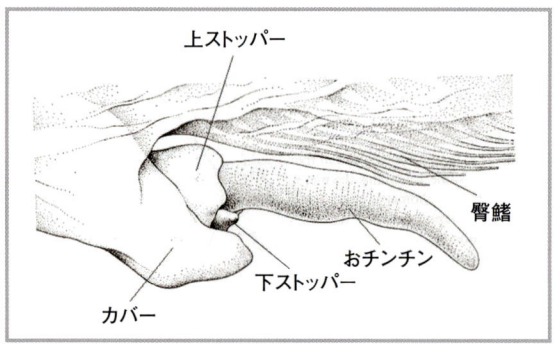

図67 ミスジオクメウオの交尾器
(Nielsen & Machida 1985より)

フジクジラ
Etmopterus lucifer
カラスザメ科

体長60cmほどの小型のサメ類。体の腹面、背中線上、尾部などにたくさんの発光器がある。背鰭は2つで、それぞれの前に棘がある。臀鰭はない。腹鰭に1対の交尾器がある。

生息深度　200～900m
日本分布　太平洋側の日本各地
世界分布　西部太平洋、インド洋、南大西洋

全長33.2cm(写真個体)

体長87.5cm(写真個体/♂)

ミツボシカスベ
Amblyraja badia
ガンギエイ科

体は四角形で、吻はとがる。眼は小さく、噴水孔の前にある。体の背中線上に20本の強いトゲが1列にならぶ。腹鰭の後端から大きな交尾器がとびだす。体の腹面は一部を除いて暗紫色。

生息深度　1,100〜1,420mの海底
日本分布　青森県の太平洋岸、オホーツク海

ミスジオクメウオ
Barathronus maculatus
ソコオクメウオ科

眼は退化し、皮ふの下にうまる。体はほぼ透明で、腹は青い。臀鰭の前に1個の大きな交尾器がある。子どもを産む。

生息深度　386〜1,525m
日本分布　相模湾、沖縄近海
世界分布　太平洋、インド洋

体長11.4cm(写真個体)(遠藤広光氏提供)

体長15cm(写真個体)(Nielsen氏提供)

おなかから出てきた子ども

アフィヨヌス デェラチノウサス
Aphyonus gelatinosus
ソコオクメウオ科

体はやわらかく、ブヨブヨする。眼はとても小さい。臀鰭の前に1個の交尾器がある。

生息深度　1,000〜2,000m
日本分布　太平洋、インド洋

深海魚はどうやって子どもを残すの？

08 ソロとデュエット

　ソコダラ類、アシロ類、フサイタチウオ類などは音を出すことで知られています。ソコダラ類やアシロ類は、オスだけが発音してメスをよびます。フサイタチウオ類はオスもメスも発音しておたがいに愛をささやきます。発音には鰾(うきぶくろ)を使います（図68）。鰾に付着したドラミング筋を振動させ、共鳴(きょうめい)させて音を出します。

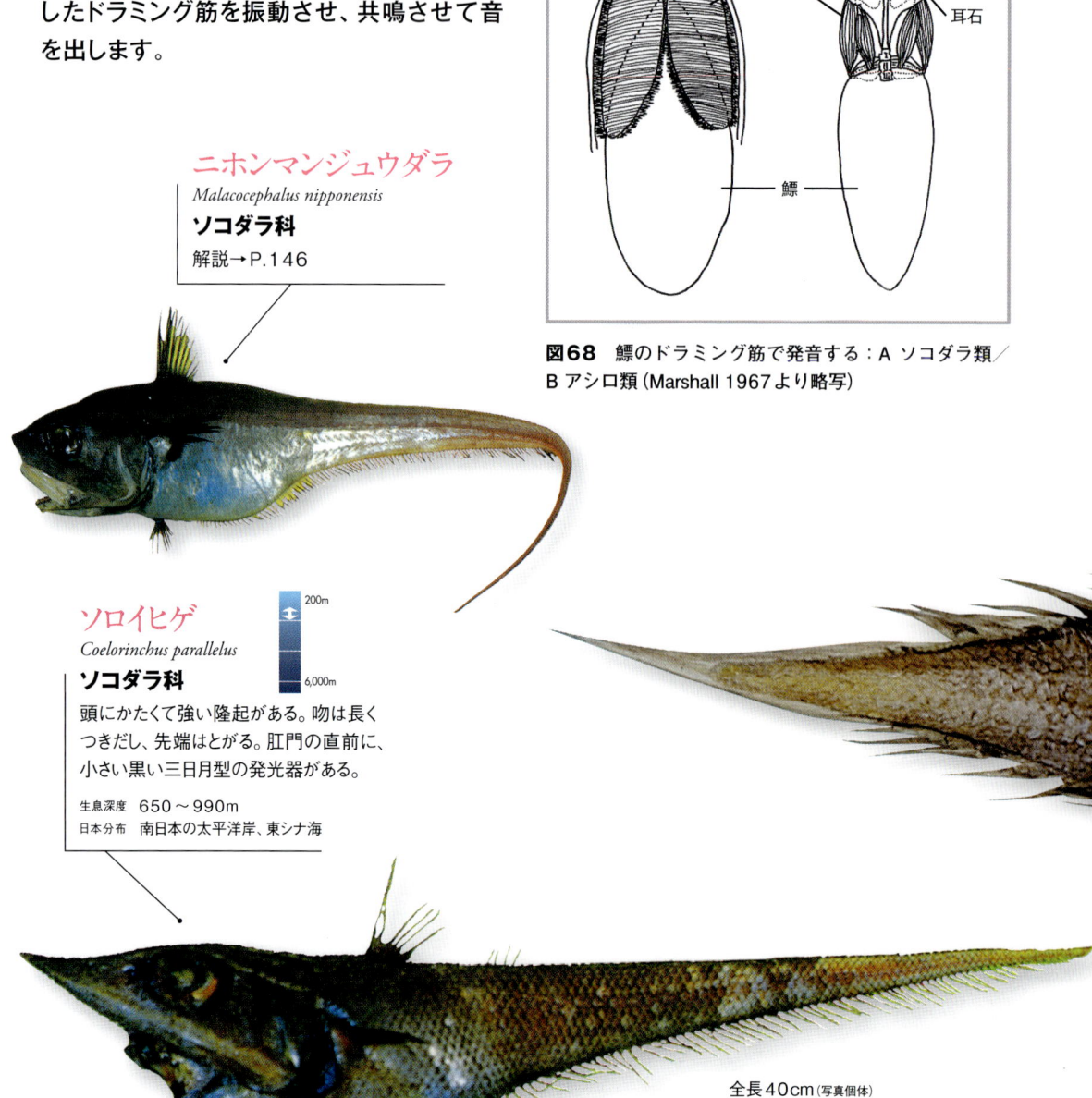

図68 鰾のドラミング筋で発音する：A ソコダラ類／B アシロ類（Marshall 1967より略写）

ニホンマンジュウダラ
Malacocephalus nipponensis
ソコダラ科
解説→P.146

ソロイヒゲ
Coelorinchus parallelus
ソコダラ科
200m 〜 6,000m

頭にかたくて強い隆起がある。吻は長くつきだし、先端はとがる。肛門の直前に、小さい黒い三日月型の発光器がある。

生息深度　650〜990m
日本分布　南日本の太平洋岸、東シナ海

全長40cm（写真個体）

オニスジダラ
Hymenogadus gracilis
ソコダラ科

頭はやわらかい皮ふでおおわれ、隆起ははっきりとしない。肛門の前に細長い発光器があり、両端に1個のレンズがある。小型の種。

生息深度　300〜500m
日本分布　南日本、東シナ海
世界分布　フィリピン

全長11cm（写真個体）

フサイタチウオ
Abythites lepidogenys
フサイタチウオ科

体は前部が高く、うしろへ向かって急に低くなる。口は大きく、眼の後縁を越える。下あごは上あごでおおわれる。

生息深度　100〜400m
日本分布　駿河湾、土佐湾
世界分布　フィリピン、インドネシア

体長27.6cm（写真個体）

深海魚はどうやって子どもを残すの？

クマイタチウオ
Monomitopus kumae
アシロ科

体はうしろに向かってだんだん細くなる。眼は小さい。口は大きく、眼のはるか後方に伸びる。腹鰭の軟条は1本。

生息深度　600〜990m
日本分布　茨城県以南、沖縄舟状海盆、九州・パラオ海嶺

体長48.5cm(写真個体)

サラサイタチウオ
Saccogaster tuberculata
フサイタチウオ科

頭の背縁は眼の上で深くくぼみ、たくさんの突出物をもつ。頭と体に鱗がない。胸鰭は長い柄から出ている。子どもを産む。

生息深度　523m
日本分布　九州・パラオ海嶺

体長13.8cm(写真個体)

第5章

おもしろい深海魚

存在感抜群の奇妙な姿形をした魚が
深海には数多くいます。
平たい体。細い体。表情もさまざまです。

01 変な形の深海魚

　エサをつかまえたり、敵から逃げたりするために速く泳ぐには、マグロやカツオのような流線型がもっとも適しています。しかし多くの深海魚は変な形をしています。ゆっくりと泳いだり、海中にとどまったり、海底にへばりついたりして、少ないエサを確実にとらえ、エネルギーの消費をおさえるための工夫です。ここではそんな変な形をした深海魚たちを紹介します。

ソコグツ
Dibranchus japonicus
アカグツ科

頭は円盤状で、尾部は棒状。体はたくさんの小さいトゲでおおわれる。頭の縁は溝になり、その中を感覚管が走る。頭の前のくぼみの中に三つ葉状のルアーがある。

生息深度　620～1,500m
日本分布　三陸地方、和歌山県および三宅島の沖

体長12cm（写真個体）

アカグツ属の一種
Halieutaea sp.
アカグツ科

体は低く、円盤状。体の縁辺はたくさんの小棘をもった鈍いトゲで囲まれる。左右の胸鰭と尾鰭は体から張りだし、小さい背鰭は尾部の上にある。

生息深度　500mより浅いところ
日本分布　小笠原諸島海域

体長5cm（写真個体）

ユウレイオニアンコウ（新称）
Haplophryne mollis
オニアンコウ科
解説→P.111

体長4.4cm（写真個体）

＜腹面＞

＜背面＞

バケダラ
Squalogadus modificatus
バケダラ科

200m
6,000m

頭は風船のように丸く、やわらかい。口は小さく、頭の下面に開く。両あごの歯は小さくてヤスリのようにはえる。

生息深度　1,100〜1,400m
日本分布　東北地方から豊後水道
世界分布　メキシコ湾

体長30cm（写真個体）（藍澤正宏氏提供）

おもしろい深海魚

ペリカンザラガレイ
Chascanopsetta crumenalis
ダルマガレイ科
解説→P.185

体長115.1cm（写真個体）

オキフリソデウオ
Desmodema lorum
フリソデウオ科

200m
6,000m

体はとても平たい。体はうしろに向かって細くなり、後半部はヒモ状になる。臀鰭はない。とてもめずらしい種である。

生息深度　150～1,000m
日本分布　東北地方の太平洋、小笠原諸島海域
世界分布　北太平洋の温帯・熱帯海域

テンガイハタの子ども
Trachipterus trachypterus
フリソデウオ科

体は短い。腹鰭と尾鰭はかなり伸びる。体は銀白色で、各鰭は赤い。体側に数個の黒い斑がある。

日本分布　千葉県沖から高知県沖
世界分布　中部太平洋、南アフリカなど

第5章

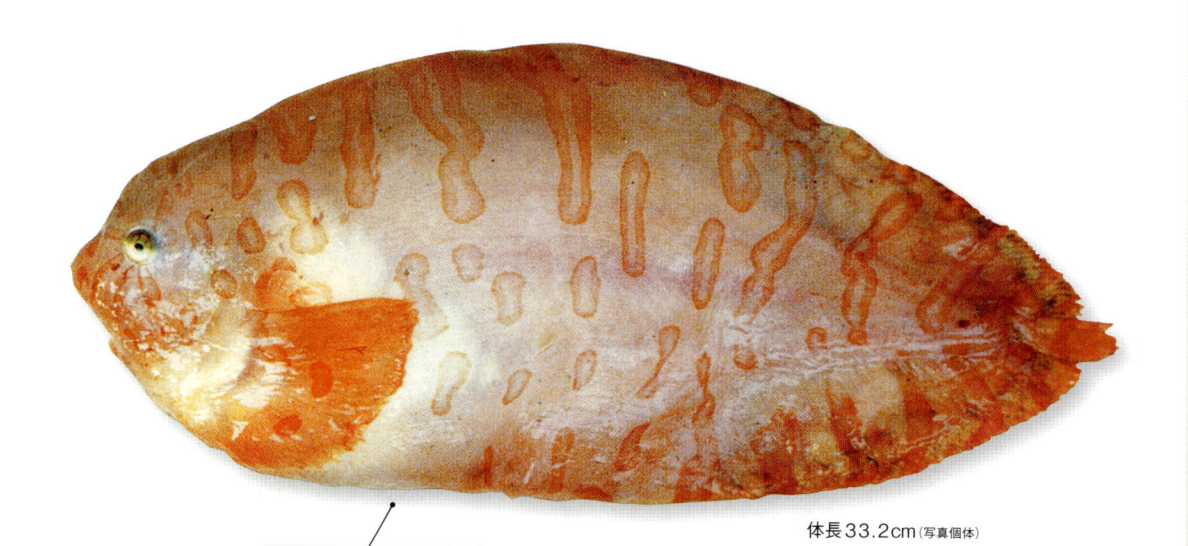

体長33.2cm(写真個体)

アバチャン
Crystallichthys matsushimae 
クサウオ科

体は少し平たく、ゼラチン質でおおわれ、ブヨブヨしている。吻の下面と口のまわりにはヒゲがある。

生息深度　60～380m
日本分布　宮城県と富山県以北
世界分布　朝鮮半島東岸、沿海州、オホーツク海南部

体長72.1cm(写真個体)

ムツエラエイ
Hexatrygon bickelli 
ムツエラエイ科

頭の腹面に6対(ふつうは5対)の鰓孔が開く。吻は細長く、かなり前へつきだし、先がとがる。眼が小さく、尾部は短い。

生息深度　350～1,000m
日本分布　沖縄近海
世界分布　南シナ海

体長15cm(写真個体)

おもしろい深海魚

体長65cm(写真個体)

クロタチカマス
Gempylus serpens
クロタチカマス科

体はとても細長い。受け口で、下あごはするどくとがり、前にとびだす。

生息深度　200mより深いところ。夜は表層まで浮上する
日本分布　南日本の太平洋
世界分布　世界の暖海域

体長23.1cm(写真個体)

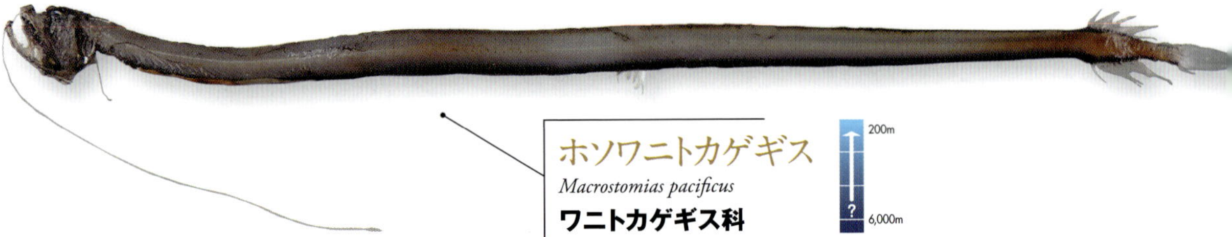

ホソワニトカゲギス
Macrostomias pacificus
ワニトカゲギス科

体はとても細長い。下あごのヒゲはとても長く、先端は卵円形にふくらみ、たくさんの糸のようなものをもつ（写真では切れてなくなっている）。背鰭と臀鰭は体のうしろにある。腹鰭は体のまん中より少しうしろ。鱗は六角形。腹側面にたくさんの小さい発光器がならぶ。

生息深度　200mより深いところ
日本分布　東北地方以南の太平洋～九州・パラオ海嶺、
　　　　　小笠原諸島海域
世界分布　西部北太平洋

体長26.1cm(写真個体)

ホテイエソ
Photonectes albipennis
ホテイエソ科

体はうしろ1/3ほどがもっとも高い。眼のうしろの下に三角形の発光器がある。体の腹側面に小さい発光器が2列にならぶ。受け口で、下あごは上へまがる。下あごの歯は1列。胸鰭がない。尾鰭はとても小さい。

生息深度　350～1,100m
日本分布　東北地方の太平洋岸以南、九州・パラオ海嶺
世界分布　西部太平洋の温帯～亜熱帯海域

第5章

02 こわい顔とかわいい顔

　多くの深海魚は大きな口をもち、強くて大きなキバをもっています。なかには鬼のようなツノを出し、こわい顔をしているものもいます。一方、あいきょうのあるかわいらしい顔をした深海魚もいます。

こわい顔

体長10.8cm (写真個体)

<前面>

ヒメラクダアンコウ
Oneirodes eschrichtii
ラクダアンコウ科

200m～6,000m

体は球形。眼の上と口のうしろに強いトゲがある。口は水平に開き、大きなキバ状の歯がならぶ。下あごの先に下向きの強いトゲがある。頭のてっぺんからサオが出て、その先に球形のルアーがある。

生息深度　150～6,200m
日本分布　南千島海域、房総半島沖
世界分布　世界の海域

ヒガシオニアンコウ
Linophryne coronata
オニアンコウ科

200m～6,000m

体は球形で、スベスベする。口は大きく、両あごにたくさんのするどい歯がならぶ。頭の前部から短いサオがとびだし、その先に丸いルアーがある。腹面に長い1本の太いヒゲがあり、先に細かいヒゲがある。

生息深度　1,100～1,200m
世界分布　北太平洋東部、北大西洋

体長16.8cm (写真個体)

おもしろい深海魚

体長4.6cm（写真個体）

<前面>

インドオニアンコウ
Linophryne indica
オニアンコウ科

200m
?
6,000m

体は球形。口は大きく、水平に開き、たくさんのするどい歯がならぶ。吻の上から短いサオがとびだし、その先に白くて丸いルアーがある。下あごのヒゲは1本の棒状で、先は白い。

生息深度　4,000mより浅いところ
日本分布　南日本
世界分布　太平洋、インド洋

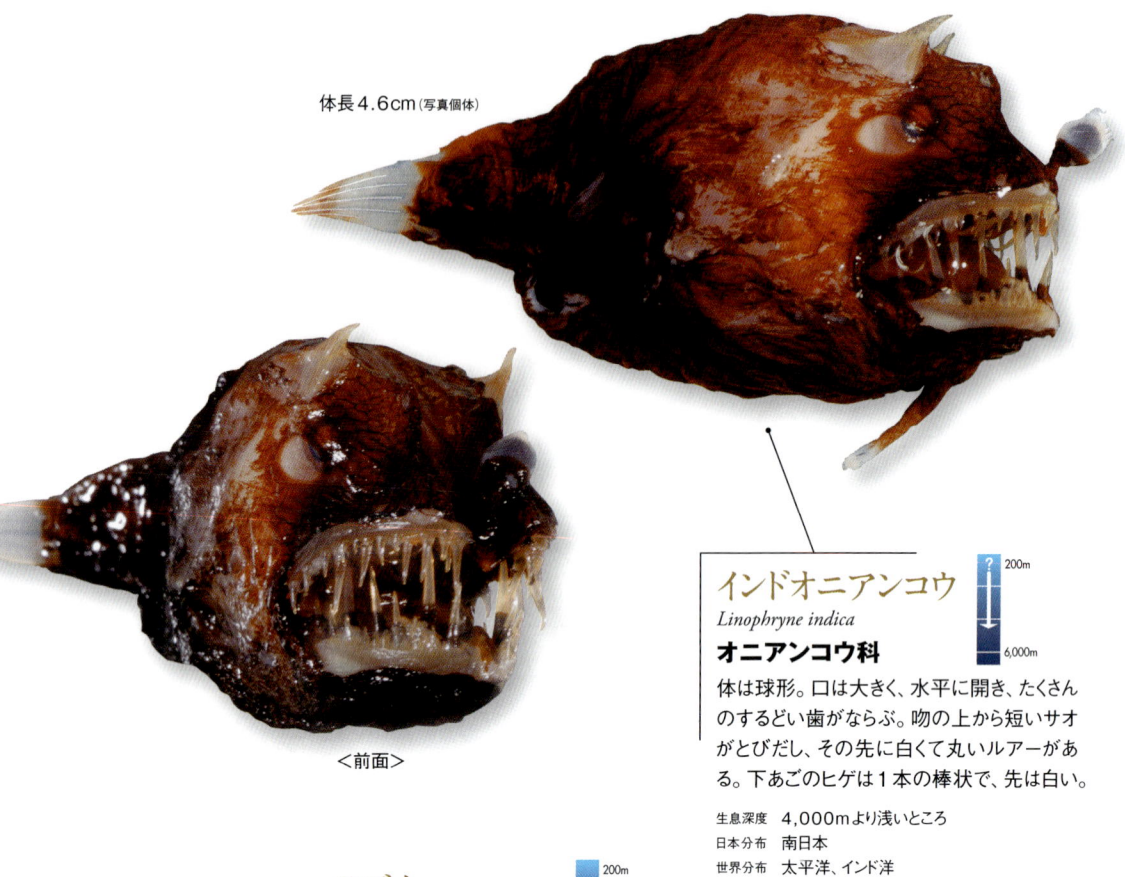

ラブカ
Chlamydoselachus anguineus
ラブカ科

200m
6,000m

体は細長い。口は大きく、眼のうしろまでさける。歯はフォーク状で、列をなしてならぶ。側線は溝のようになっていて、おおいがない。生きた化石と言われるように、口や歯などが原始的な特徴をしている。

生息深度　754〜1,300m。まれに表層でとれることがある
日本分布　駿河湾
世界分布　地中海を除く全世界

体長9.6cm（写真個体）

＜前面＞

ラクダアンコウ
Chaenophryne draco
ラクダアンコウ科

200m
6,000m

体は球形。口は大きく、水平に開き、たくさんのするどい歯がならぶ。眼は、黒い頭蓋骨のくぼみの奥から不気味ににらむ。頭の前からサオがとびだし、その先に白い細長いルアーがある。

生息深度　350〜1,500m
日本分布　東北地方の太平洋、相模湾
世界分布　ほとんど全世界

体長66.5cm（写真個体）

おもしろい深海魚

ペリカンアンコウモドキ
Melanocetus murrayi
クロアンコウ科
解説→P.42

体長3.1cm（写真個体）

体長3.5cm（写真個体）

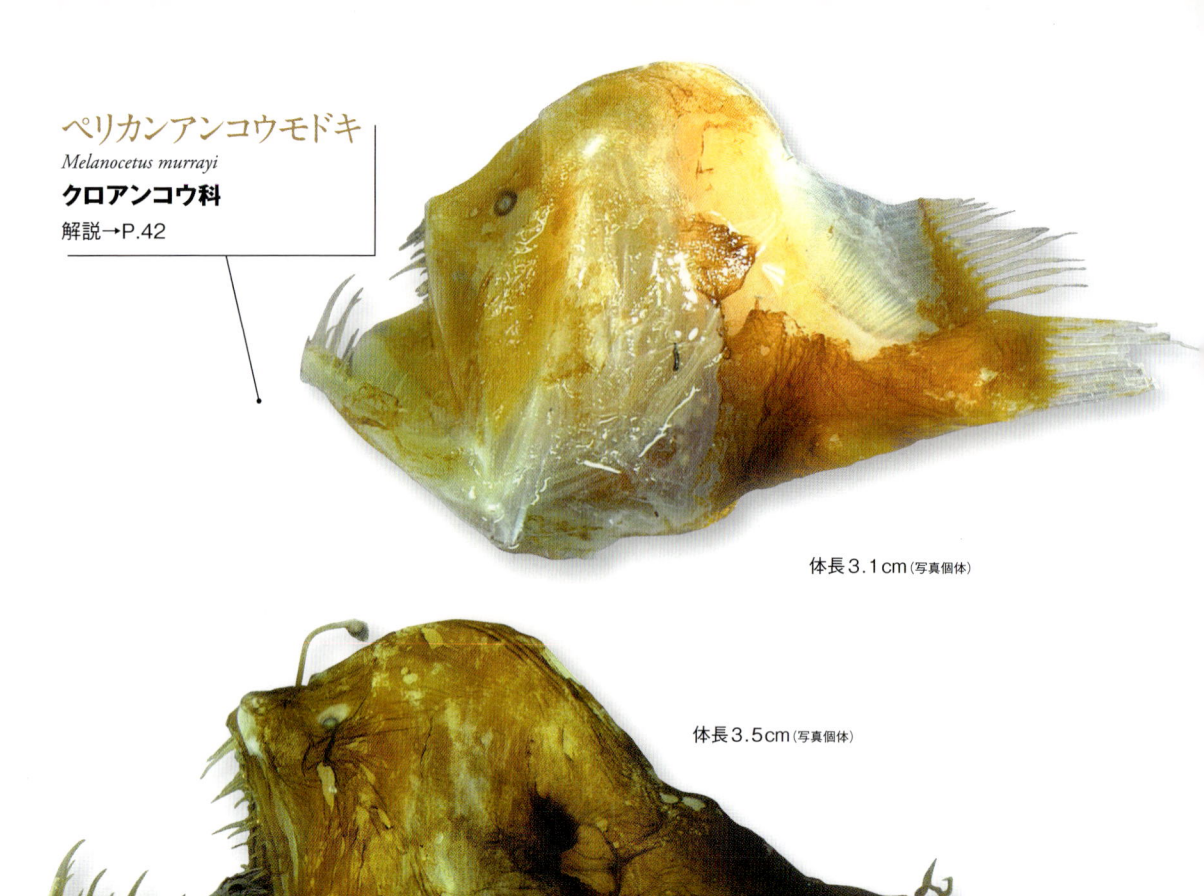

体長3.9cm（写真個体）

かわいい顔

体長34cm（写真個体）

ダンゴヒゲ
Cetonurus robustus 
ソコダラ科
頭はとても大きくて丸く、体の後部で急に細いヒモのようになる。吻は丸く、前へとびだす。下あごの先に短いヒゲがある（写真では倒れていて見えない）。

生息深度　1,500m付近
日本分布　紀伊半島
世界分布　フィリピン

トビビクニン
Careproctus roseofuscus
クサウオ科
体は高くて平たく、ブヨブヨしている。頭は小さく、小さな口と小さな眼がついている。頭のうしろに大きな胸鰭があり、下の軟条が少し伸びる。大きな杯（さかずき）状の腹吸盤がある。

生息深度　400〜1,000m
日本分布　北海道オホーツク海
世界分布　オホーツク海

体長23.2cm+（写真個体）

体長2cm（写真個体）

ユウレイオニアンコウ（新称）のメスの子ども
Haplophryne mollis
オニアンコウ科
体は丸い。眼と口は小さい。サオは短いがルアーがあることで、メスの子どもであることがわかる。親になっても体に色素が現れない特異な種類。成魚は111ページを参照。

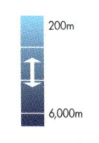

生息深度　1,500〜3,500m
世界分布　太平洋、インド洋、大西洋

おもしろい深海魚

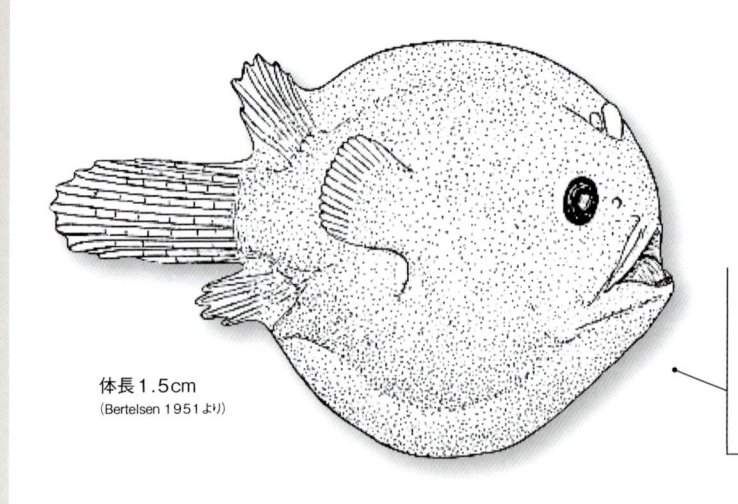

トゲトゲチョウチンアンコウのメスの子ども

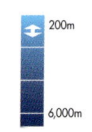

Diceratias bispinosus

フタツザオチョウチンアンコウ科

体は球形。眼はぱっちりとし、口はオチョボ口。小さなサオが頭の上にある。胸鰭、背鰭、臀鰭は体の後部につく。

生息深度　300m
日本分布　相模湾
世界分布　西部太平洋、インド洋

体長1.5cm
（Bertelsen 1951より）

ユメソコグツ

Coelophrys brevicaudata

アカグツ科

体は箱形で、頭は角張り、背面は少しくぼむ。体はたくさんの小さいトゲでおおわれる。体の後部から両胸鰭と尾鰭が出て、その背面に小さい背鰭がある。

生息深度　700〜1,200m
日本分布　沖縄トラフ
世界分布　スマトラ

<前面>

体長5.0cm（写真個体）

<側面>

<背面>

体長13.1cm（写真個体）

ヒマントロフス ニグリコルニス
Himantolophus nigricornis 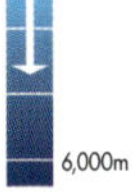
チョウチンアンコウ科

200m
6,000m

頭のてっぺんから太いサオがまっすぐに伸び、その先に小さいルアーがある。ルアーの先から1本の突起が出る。

生息深度　0〜2,500m
世界分布　太平洋、インド洋

＜前面＞

おもしろい深海魚

173

体長10.1cm（写真個体）

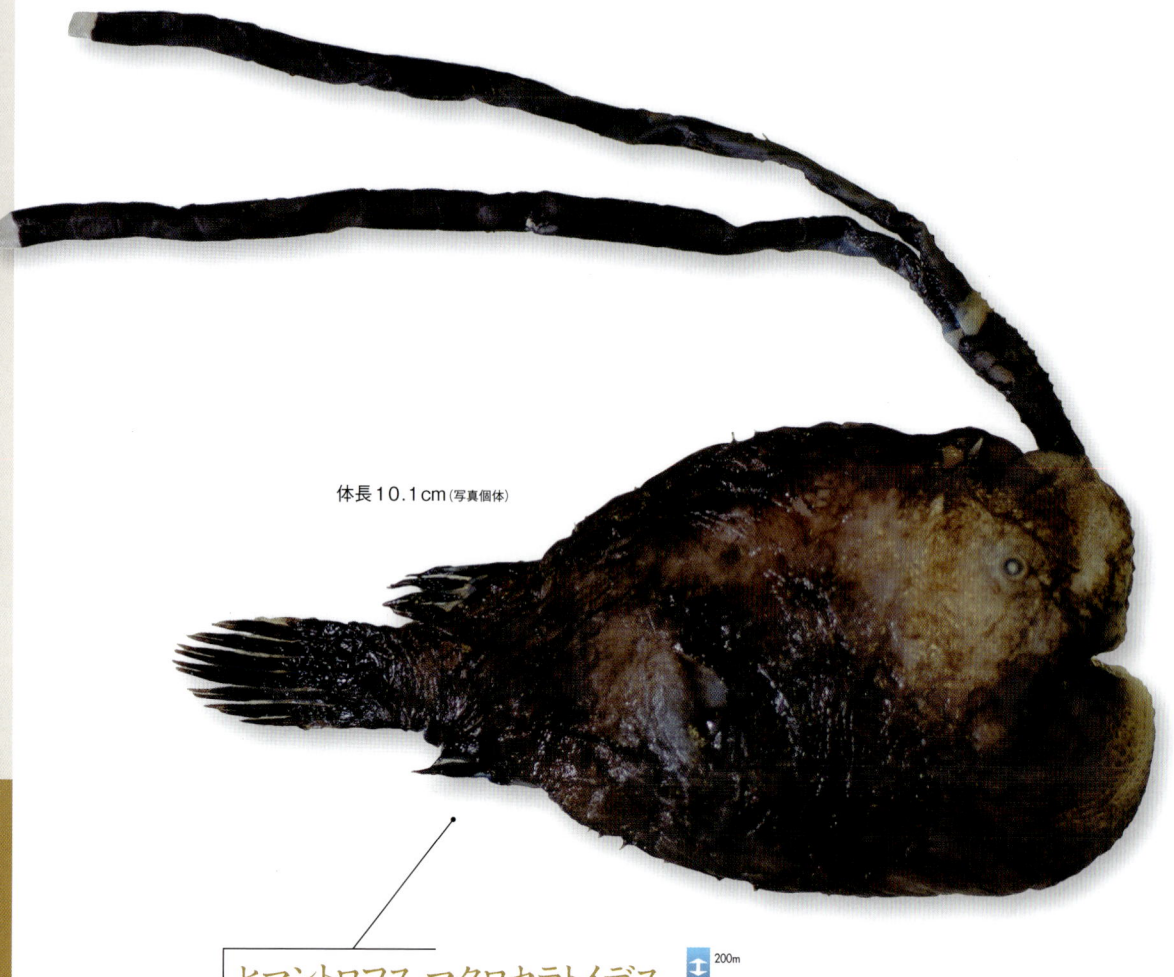

ヒマントロフス マクロセラトイデス
Himantolophus macroceratoides
チョウチンアンコウ科

体はブヨブヨし、表面に小さなトゲがある。口は引っこみ、おでこは盛りあがる。頭のてっぺんから短いサオがとびだし、2本の長いルアーが伸びて、先で光る。おでこのうしろに小さい眼がある。

生息深度　250〜900m
世界分布　インド洋、大西洋の赤道域

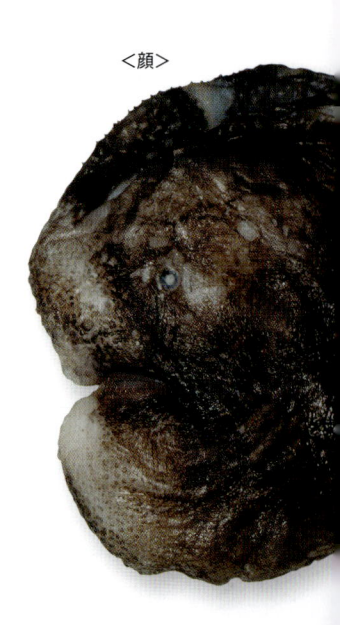

200m
6,000m

〈顔〉

第5章

第6章
深海魚の
ふしぎな生活

海底でじっとエサを待ちぶせしたり、
ゴソゴソ歩いたり、長い足で立って遠くをながめたり。
深海魚たちの謎めいた生活をのぞいてみましょう。

01 コンニャク魚とヨロイ武者

　ごろんとした体で、鱗がなく、コンニャクのようにブヨブヨしている魚がいます。水圧にとても強く、海底でじっとしてエサを待つのに適しています。

　逆に、かたい骨板で体を守っている魚もいます。まるでヨロイをつけているようです。

　このような魚のなかには、キホウボウ類のように泳ぎが苦手で、胸鰭の下部の2本の軟条を指のように使い、ごそごそと海底を歩くものがいます。そして前にとびだした2本のツノと口のまわりの長いヒゲで泥の中にいるエサを探します。

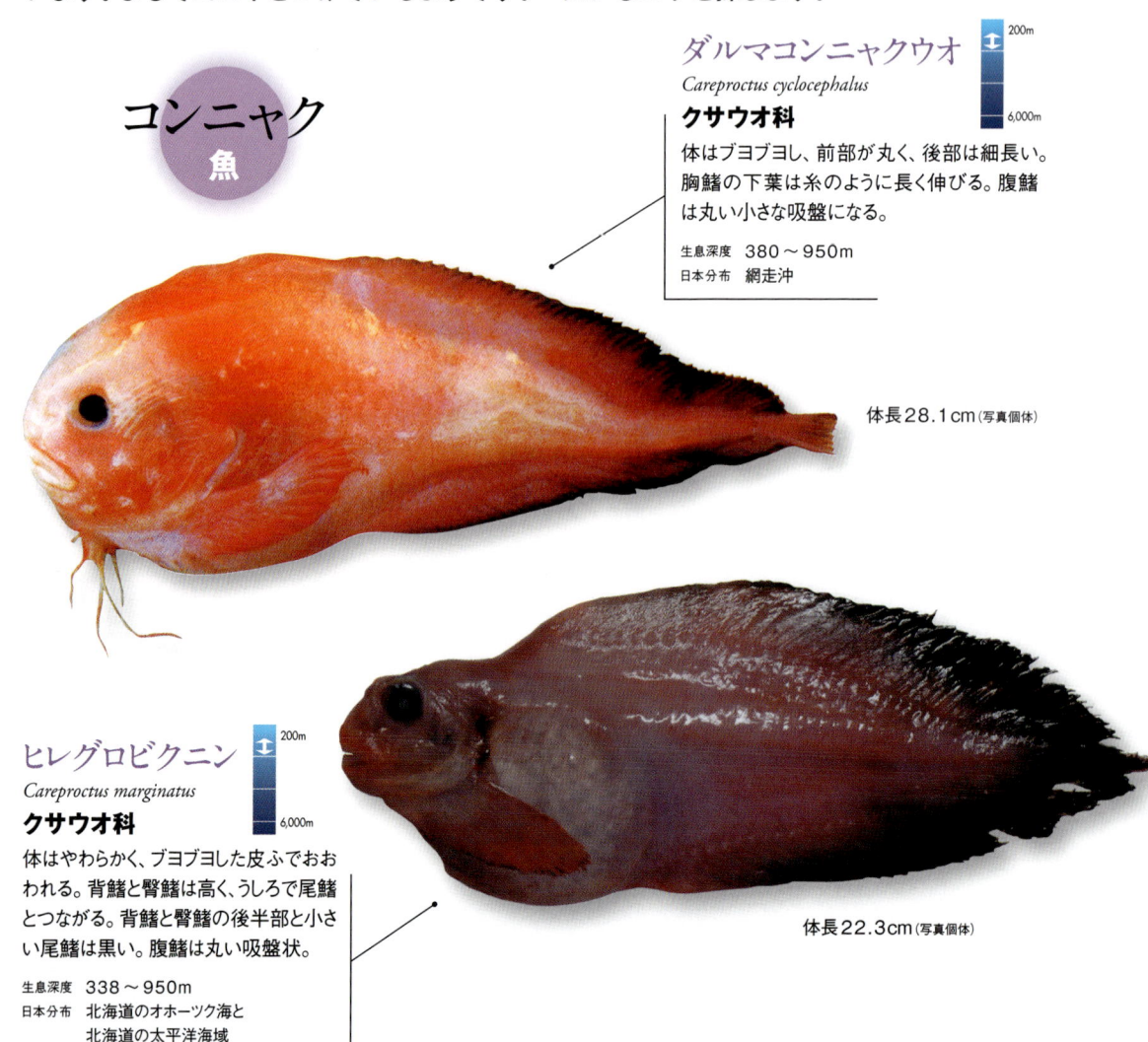

コンニャク魚

ダルマコンニャクウオ
Careproctus cyclocephalus
クサウオ科
200m〜6,000m

体はブヨブヨし、前部が丸く、後部は細長い。胸鰭の下葉は糸のように長く伸びる。腹鰭は丸い小さな吸盤になる。

生息深度　380〜950m
日本分布　網走沖

体長28.1cm（写真個体）

ヒレグロビクニン
Careproctus marginatus
クサウオ科
200m〜6,000m

体はやわらかく、ブヨブヨした皮ふでおおわれる。背鰭と臀鰭は高く、うしろで尾鰭とつながる。背鰭と臀鰭の後半部と小さい尾鰭は黒い。腹鰭は丸い吸盤状。

生息深度　338〜950m
日本分布　北海道のオホーツク海と
　　　　　北海道の太平洋海域

体長22.3cm（写真個体）

第6章

<前面>

アカドンコ
Ebinania vermiculata 
ウラナイカジカ科

200m〜6,000m

体はオタマジャクシ形で、厚いブヨブヨした皮ふでおおわれる。頭は大きくて丸い。眼は小さく、頭の前部にある。

生息深度　300〜1,000m
日本分布　熊野灘以北の太平洋

体長35cm(写真個体)

オオバンコンニャクウオ
Squaloliparis dentatus
クサウオ科
解説→P.62

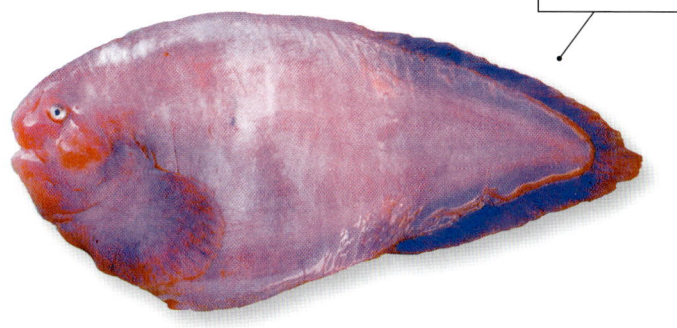

深海魚のふしぎな生活

ヨロイ
武者

ヒゲキホウボウ
Scalicus amiscus
キホウボウ科
解説→P.90

ヤセトクビレ
Freemanichthys thompsoni
トクビレ科

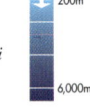

体はトゲのある骨板でおおわれる。頭の側面に外側へ張りだす骨質の突起がある。吻の下面に1対と上あごの後部に2対の房状のヒゲがある。

生息深度　100〜300m
日本分布　富山県と塩釜以北、オホーツク海

<側面>

体長15.2cm(写真個体)

<背面>

02 天女と鬼と悪魔

　ヒレナガチョウチンアンコウは、長く大きな鰭をいっぱい広げ、天女のように海中に浮かんでエサが来るのを待ちます。オニアンコウは頭のてっぺんに大きなするどいツノをもち、下あごに立派なヒゲをたくわえ、両あごからはするどい歯をのぞかせた鬼のようなこわい顔をしています。アクマオニアンコウも大きく開いた口からするどい大きな歯をむきだして、じっとエサが近づくのを待っています。

体長2.5cm（写真個体）

ヒレナガチョウチンアンコウ
Caulophryne pelagica
ヒレナガチョウチンアンコウ科

体は短くて、高い。背鰭、臀鰭、胸鰭および尾鰭はかなり長く伸びる。オスはメスに寄生する。

生息深度　100〜1,500m
日本分布　北海道太平洋沖
世界分布　世界の海域

インドオニアンコウ
Linophryne indica
オニアンコウ科
解説→P.168

アクマオニアンコウ
Linophryne lucifer
オニアンコウ科
解説→P.42

体長4.1cm（写真個体）

オニアンコウ
Linophryne densiramus
オニアンコウ科

下あごのヒゲはたくさん分かれる。頭のてっぺんおよび腹側面にするどいツノがある。吻の上からじょうぶなサオが伸び、根元でまがる。ルアーは球形で、先から長い突起が伸びる。

生息深度　150〜1,400m
日本分布　駿河湾や北海道太平洋沖
世界分布　太平洋、大西洋

深海魚のふしぎな生活

179

03 四足歩行と四指歩行
泳ぎは得意じゃないよ

　海底にすむフサアンコウ類やアカグツ類は、腹鰭を立てて体を起こし、左右1対の腹鰭と外向きに張り出した左右1対の胸鰭を順番に前に出し、まるで力士のようにゆっくりと歩きます。

　キホウボウ類は、ほかより太い胸鰭の下部の2対の軟条（左右で4本）を、足のように使って歩きます。頭の前部にある2本のツノの下面の穴と、口のまわりのヒゲは、泥の中や表面にいるエサを探すのに使います。

　これらの仲間の歩行は潜水艇から観察されています。

四足歩行

体長15.7cm（写真個体）

ミドリフサアンコウ
Chaunax abei
フサアンコウ科

200m 〜 6,000m

体はオタマジャクシ形。皮ふは小さいトゲでおおわれるが、肉からはなれてダブダブしている。眼は頭の上にある。吻の前端から短いサオが出て、その先にルアーがある。下あごにはたくさんのヒゲがある。

生息深度　90〜500m
日本分布　南日本、東シナ海

ソコグツ
Dibranchus japonicus
アカグツ科
解説→P.162

体長12cm（写真個体）

四指
歩行

アカグツ
Halieutaea stellata
アカグツ科

200m
6,000m

体はうすい円盤形で、たくさんの小さい骨板が散らばる。尾部は棒状。体盤の前端から短いサオが出て、その先に小さい三つ葉状のルアーがある。体盤の後部から胸鰭が外側に張りだす。

生息深度　130〜330mの海底
日本分布　岩手県以南の日本各地
世界分布　西部太平洋、インド洋

体長23.6cm（写真個体）

ソコキホウボウ
Scalicus engyceros
キホウボウ科

200m
6,000m

体は4列の強い骨板でおおわれる。吻の上から2本の長い長方形のツノが出ている。下くちびるに5本と下あごに3本の枝分かれしたヒゲがある。胸鰭の下の2本の軟条は太く、ほかから完全に分かれている。

生息深度　295〜540mの海底
日本分布　南日本、東シナ海
世界分布　ハワイ海域

ヒゲキホウボウ
Scalicus amiscus
キホウボウ科
解説→P.90

深海魚のふしぎな生活

181

04 仙人と釣り人

　ギンガエソの仲間は胸鰭と腹鰭のたくさんの軟条を広げてただよい、下あごから長いヒゲをぶら下げてエサを探します。シダアンコウ科のモグラアンコウの仲間は背面泳ぎをしながら、頭の上から長いサオをぶら下げて光らせ、海底のエサを集めます。あまり動きまわらずにエサを探すことができます。

　ビワアンコウは頭の上から長いサオをいっぱいに伸ばして、先端のルアーを光らせます。エサが集まってくるとサオを口の近くまで引きよせます。このサオは折りたたみ式ではなく、そのままスライドして背中のうしろからとびだしているサヤにしまわれます。

体長4.3cm(写真個体)

ギンガエソ
Bathophilus nigerrimus
ホテイエソ科

眼のうしろの上あごの上に大きな発光器がある。胸鰭と腹鰭の軟条は多い。腹鰭は体側の中央より上にある。ヒゲは白く、体長より長い。

生息深度　100〜500m
日本分布　駿河湾、小笠原諸島海域
世界分布　西部太平洋、大西洋の熱帯・亜熱帯海域

ビワアンコウ
Ceratias holboelli
ミツクリエナガチョウチンアンコウ科
解説→P.108

オナガモグラアンコウ
Gigantactis gargantua
シダアンコウ科

サオは体より長く、体長の1.3〜3.5倍。ルアーは小さくて、先からたくさんの長い糸のようなものが出る。尾鰭は長く、体長の70〜80％。

生息深度	500〜1,530m
日本分布	青森県沖
世界分布	太平洋、インド洋、ハワイ近海

体長5.7cm（写真個体）

シダアンコウ属の一種
Gigantactis sp.
シダアンコウ科

体は比較的大きなトゲでおおわれる。サオは長く、先に向かって細くなり、先端のルアーの発光器は不明。両あごに強いキバ状の歯がならぶ。眼は小さい。

生息深度	不明
日本分布	小笠原諸島近海

体長5.1cm（写真個体）

深海魚のふしぎな生活

05 三脚魚とショベル魚

ナガヅエエソやオオイトヒキイワシは、長く伸びた腹鰭の2本の軟条と尾鰭の軟条を三脚のようにして海底に立ち、遠くまで見ることができます。ザラガレイ類のウケグチザラガレイやペリカンザラガレイは下あごの袋をショベルのようにし、泥の中にいるエサをすくいます。

三脚魚

（海洋研究開発機構提供）

オオイトヒキイワシ
Bathypterois grallator
チョウチンハダカ科
解説→P.189

ナガヅエエソ
Bathypterois guentheri
チョウチンハダカ科
解説→P.73

ショベル魚

体長23cm(写真個体)

ペリカンザラガレイ
Chascanopsetta crumenalis
ダルマガレイ科

200m
6,000m

口は大きく、下あごの前端は上あごの前端を越えて大きくとびだし、下にまがる。下あごの膜はうすく、袋のようになる。

生息深度　400〜600mの海底
世界分布　ハワイ周辺海域

下あごをねじって上から見たところ

深海魚のふしぎな生活

06 リボンとデカ鼻とクジラ

　リボンイワシ類は、体の15倍以上もあるリボンのような長い尾鰭をもっているために、「Tapetail（テープの尾）」という英名がついています。ダイバーによって観察されたある個体の尾鰭はクシクラゲ類にそっくりで、ほかにも尾鰭がウミヘビにそっくりなものも見つかっています。また、長い腹鰭はクラゲの糸のように、ヒラヒラしています。このように、別の動物に化ける（擬態する）ことで、身を守っています。この類は、世界で3属5種が知られ、トクビレイワシ科にまとめられていました。

　ソコクジラウオ類の魚は体が細長く、眼がとても小さいです。4属5種ほどが知られ、ソコクジラウオ科にまとめられていました。大きな鼻をもっていることから「Bignose（デカ鼻）」といわれています。食道と胃がなく、大きな肝臓と精巣をもっています。何も食べないで感覚をするどくし、小さな眼のかわりとなる大きな鼻で、においを感知しているのでしょう。

　クジラウオ科の魚は体が大きく、口の大きい種で、9属20種ほどが知られています。

　トクビレイワシ科の魚はいずれも生殖腺が未発達、つまり子どもであり、ソコクジラウオ科の魚はすべてオス、クジラウオ科の魚はすべてメスです。最近の研究で、これら3科の魚はほぼ同じDNAをもっていて、同じ仲間であることがわかり、クジラウオ科に統一されました。しかしまだ種のそれぞれの関係までは明らかになっていません。

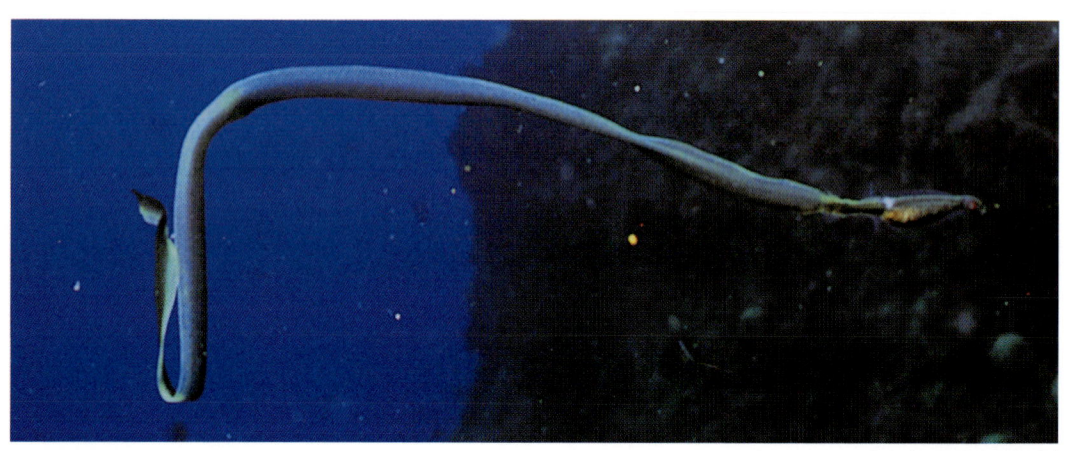

リボンイワシの遊泳（中町雅典氏提供）

リボンイワシ
Eutaeniophorus festivus
クジラウオ科

体は細長く、前は円筒状で、うしろは少し側扁する。一時期、体の15倍ほどの長いリボンのような尾鰭をもつ。体には鱗がない。

生息深度　表層〜20m（撮影地点）。
　　　　　それより深くに生息していると
　　　　　考えられているが、詳細は不明
日本分布　本州中央部沖、高知県、宮崎県
世界分布　西部太平洋、インド洋

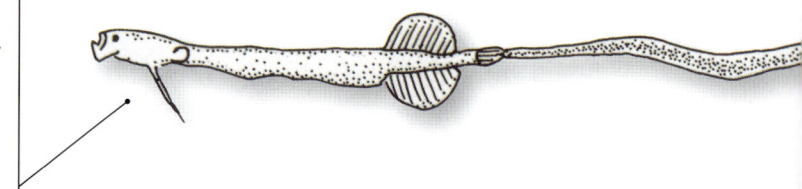

体長4.7cm(写真個体)

ソコクジラウオ属の一種
Vitiaziella sp.
クジラウオ科

体は細長い。口は小さい。眼はとても小さい。鼻は大きく眼の前上方に開く。背鰭と臀鰭は同じ大きさで、同じ形をし、体の後部につく。

生息深度　2,000m付近
日本分布　沖縄近海、千島列島近海、南シナ海

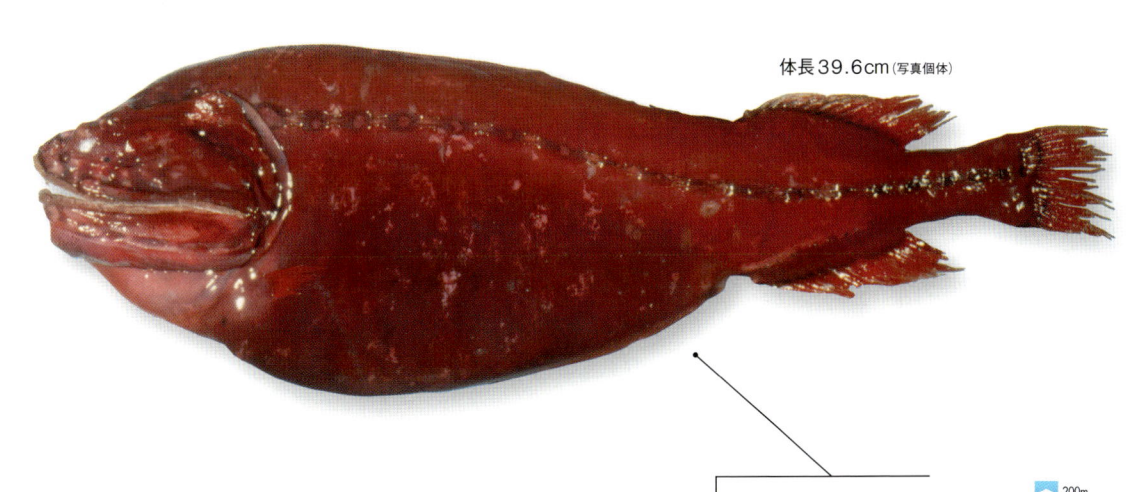

体長39.6cm(写真個体)

オオアカクジラウオ
Gyrinomimus sp.
クジラウオ科

体はクジラのような形でやわらかい。口は大きくて頭の後端近くまで開く。眼はとても小さく、頭の後半部にある。側線は太くて溝状である。

生息深度　350～400m
日本分布　知床半島沖

全長81.6cm　(体長5.6cm)
(Bertelsen & Marshall 1984より略写)

深海魚のふしぎな生活

07 足長おじさんとヒゲ長おじさん

　オオイトヒキイワシは体の長さほどもある長い腹鰭と尾鰭をもち、海底に立っています。学名の*grallator*は「竹馬」を意味しますが、その名のとおり、まるで竹馬にでも乗っているようです。遠くにいるエサを見つけるのに役立ちます。

　サイウオ類は頭の下から長い腹鰭をぶら下げています。何に使われているのかよくわかっていません。

　グラマトストミアス フラジェリバルバは体長の7倍ほどある長いヒゲをぶら下げて、海底のエサを探します。

足長

頭部拡大（遠藤広光氏提供）

体長27.4cm（写真個体）（遠藤広光氏提供）

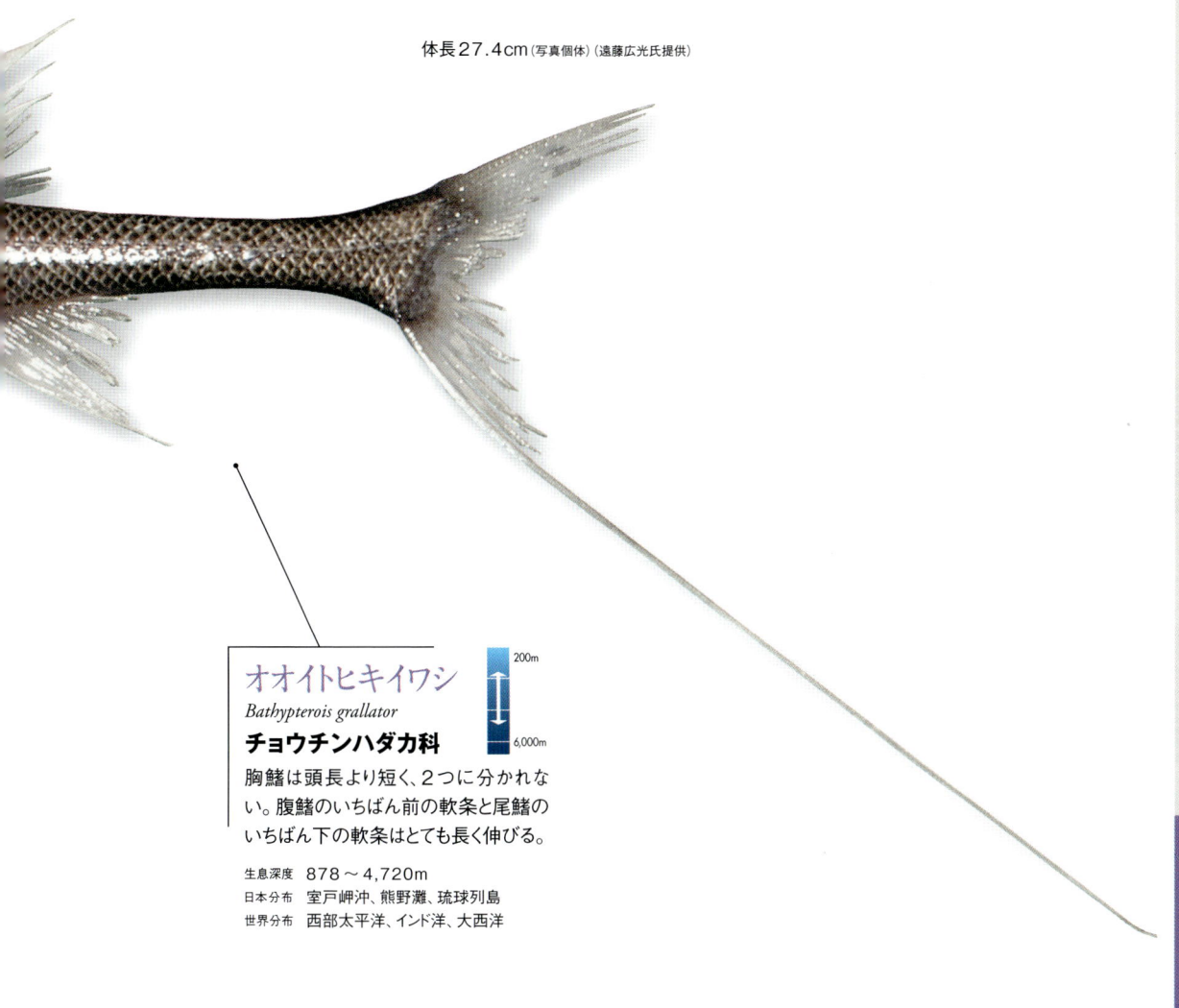

オオイトヒキイワシ
Bathypterois grallator
チョウチンハダカ科

胸鰭は頭長より短く、2つに分かれない。腹鰭のいちばん前の軟条と尾鰭のいちばん下の軟条はとても長く伸びる。

生息深度　878〜4,720m
日本分布　室戸岬沖、熊野灘、琉球列島
世界分布　西部太平洋、インド洋、大西洋

深海魚のふしぎな生活

ヒゲ長

体長6.6cm（写真個体）

サイウオ
Bregmaceros japonicus
サイウオ科

体は細長い。腹鰭はとても長く、臀鰭の前半部を越えて伸びる。頭の後端から1本の背鰭の棘が出る（写真では倒れている）。第2背鰭と臀鰭の基底は長い。

生息深度　200～1,000m
日本分布　南日本の海域
世界分布　太平洋、インド洋

体長20cm（Roule & Angel 1933より）

グラマトストミアス フラジェリバルバ
Grammatostomias flagellibarba
ホテイエソ科

体には鱗がなく、滑らかで、腹側面に小さい発光器がならぶ。下あごのヒゲはとても長い。

生息深度　0～4,500m
世界分布　北太平洋

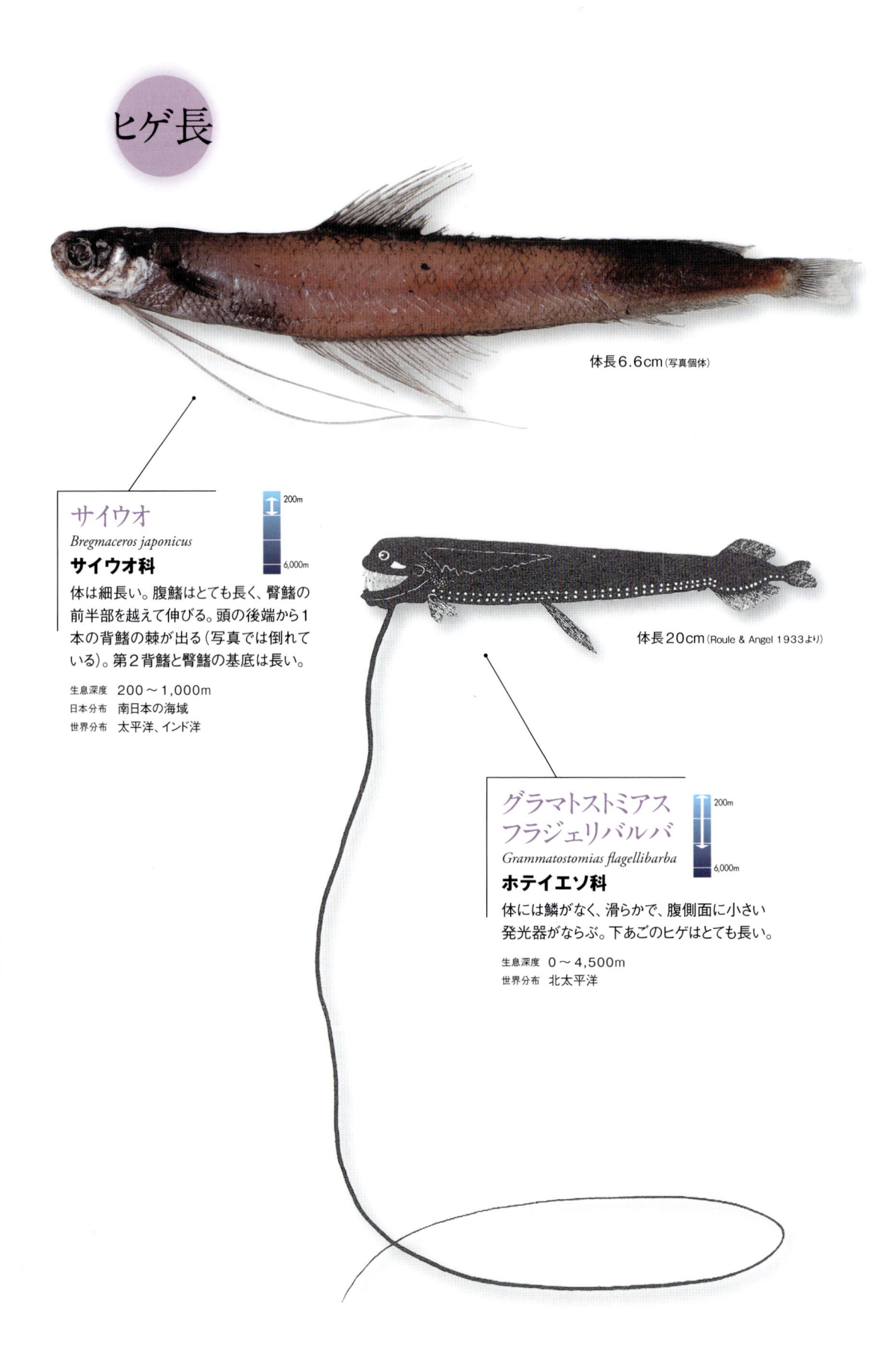

コラム 学名で血縁関係(けつえん)がわかる!?

　地球上にいるすべての生物には名前がつけられています。わたしたちがふつうに使っている名前ではなく、アルファベットで書かれた「学名」といわれるものです。それらはなじみがうすくて、一般では使われていません。しかし学名は世界共通ですので、どこの国でも通用します。外国語の本であっても、学名がついていればその写真の魚が何かわかる便利なものです。

　学名は二名式命名法(にめいしきめいめいほう)といって、2つの単語から成り立っています。前のものは属名(ぞくめい)で、うしろのものは種小名(しゅしょうめい)です。これらの2つの単語の組み合わせで種名(しゅめい)ができています。

　わたしたちの名前に例えれば、属名は姓で、種小名は名です。同じ属名がつけられていればそれらは同じ血縁関係にあり、兄弟姉妹と考えてください。

　ちがった姓（属）を名のっていても、遠い親戚(しんせき)関係にあるものと、そうでないものがあります。親戚関係の姓ばかりをまとめたものは同じ科に、親戚関係でないものは別の科に入ります。

　日本語の名前（標準和名）だけでは血縁関係はわかりません。この本でもっとも多くの種を載せたハダカイワシ科から学名について勉強しましょう。

　次のページの表を見てください。

　40種が出ていますが、これらは17属に分かれていることがわかります。同じ属に入っている種は共通する特徴をもっています。

　例えばハダカイワシ属に入っている種はPrc発光器が4個あること、尾柄(びへい)の上下に発光組織をもたないこと、眼前の発光器がとても大きいことなどが共通しています。

　ドングリハダカ属では側線(そくせん)より上に発光器がないこと、臀鰭(せびれ)の基底は背鰭の基底よりもとても長いこと、Prcは2個であること、Polは2個であることなどが同じです。

　ブタハダカ属は吻(ふん)がとびだし、側線がありません。

　このようにして各属はそれぞれの固有の特徴でまとめられています。ただ、少し専門的な話をすると、種を分けるだけであればこれでよいのですが、血縁関係を調べるにはこれだけではまちがった判定を下す場合があります。それは他人の空似(そらに)で、よく似ているが血縁関係はないという特徴のことです。これを念入りに研究して取りのぞかなければなりません。このことについては専門的すぎますのでまたの機会にします。

　また、みなさんが新種を発見して、学名をつけるには動物命名規約(どうぶつめいめいきやく)というルールがありますので、それを勉強しなくてはなりません。

　学名はこのような役目をもっているので、この本でも入れておきました。ちょっとチェックしてみたら、新しい発見があるかもしれませんよ。

深海魚のふしぎな生活

ハダカイワシ科40種の学名一覧表

属和名	和名	種名 属名	種小名
ミカヅキハダカ	ホソミカヅキハダカ	*Bolinichthys*	*longipes*
クロハダカ	クロハダカ	*Taaningichthys*	*minimus*
	チヒロクロハダカ		*paurolychnus*
ハダカイワシ	ダイコクハダカ	*Diaphus*	*metopoclampus*
	エビスハダカ		*brachycephalus*
	シロハナハダカ		*perspicillatus*
	クロシオハダカ		*kuroshio*
	ナミダハダカ		*knappi*
	スイトウハダカ		*gigas*
	トドハダカ		*theta*
ホクヨウハダカ	ホクヨウハダカ	*Tarletonbeania*	*taylori*
ブタハダカ	ブタハダカ	*Centrobranchus*	*nigroocellatus*
	ナガハナハダカ		*chaerocephalus*
ハクトウハダカ	ハクトウハダカ	*Lobianchia*	*gemellarii*
オオクチイワシ	イサリビハダカ	*Notoscopelus*	*resplendens*
	オオセビレハダカ		*caudispinosus*
カガミイワシ	ホタルビハダカ	*Lampadena*	*urophaos*
ゴコウハダカ	ゴコウハダカ	*Ceratoscopelus*	*townsendi*
トンガリハダカ	ミカドハダカ	*Nannobrachium*	*regale*
	ヒレナシトンガリハダカ		*sp.*
	トンガリハダカ		*nigrum*
セッキハダカ	セッキハダカ	*Stenobrachius*	*nannochir*
	コヒレハダカ		*leucopsarus*
トミハダカ	ニジハダカ	*Lampanyctus*	*festivus*
	スタインハダカ		*steinbecki*
	トミハダカ		*alatus*
	マメハダカ		*jordani*
	ホソトンガリハダカ		*nobilis*
ソコハダカ	ソコハダカ	*Benthosema*	*suborbitale*
ドングリハダカ	ドングリハダカ	*Hygophum*	*reinhardtii*
	ツマリドングリハダカ		*proximum*
イタハダカ	イタハダカ	*Diogenichthys*	*atlanticus*
ナガハダカ	マガリハダカ	*Symbolophorus*	*evermanni*
	ナガハダカ		*californiensis*
ススキハダカ	ヒシハダカ	*Myctophum*	*selenops*
	ススキハダカ		*nitidulum*
	ヒサハダカ		*obtusirostre*
	イバラハダカ		*spinosum*
	アラハダカ		*asperum*
	ウスハダカ		*orientale*

第7章

ぼくたちの身近にいる深海魚

深海魚は私たちの生活とは縁遠いイメージがありますが、
じつは知らないうちに出会っているかもしれません。
ここでは、私たちの身近にいる深海魚を紹介します。

01 深海魚に会いにいこう

　水族館で深海魚を飼育することはとてもむずかしいです。水温や光を深海と同じにすることはできるのですが、水圧を加えるには特殊な水槽が必要になります。そこで沖縄美ら海水族館では、減圧タンクで深海魚を低い圧力にならし、ふつうの水槽に移して飼育しています。

　日本では、名古屋港水族館の深海魚のコーナーでミドリフサアンコウ（図69）、ムラサキヌタウナギ、ヒメなどが飼育され、深海魚の液浸標本もいくつか展示されています。さらに、ホウライエソがエサを飲みこむところやホウネンエソが発光する様子を電動の模型で見ることができます。また、沖縄美ら海水族館ではナガタチカマス、ハマダイ（図70）、ツノザメ、ムラサキヌタウナギなどを、大阪海遊館の深海コーナーではサギフエ（図71）、ギンザメ、オニホウボウなどを見ることができます。

　しかし、2013年現在、光るホテイエソ類やチョウチンアンコウ類を生きた姿で展示している水族館はまだありません。いつか見られるとよいですね。

図69 飼育されている深海魚：ミドリフサアンコウ（名古屋港水族館提供）

図70 飼育されている深海魚：A ナガタチカマス／B ハマダイ（ともに沖縄美ら海水族館提供）

図71 飼育されている深海魚：サギフエ（大阪海遊館提供）

ぼくたちの身近にいる深海魚

体長38.5cm(写真個体)

ハマダイ
Etelis coruscans
フエダイ科
体は細長く、尾鰭の上下は糸のように長く伸びる。釣りでとれる。体長1mほどになる。

生息深度　200〜300mの岩礁域
日本分布　南日本以南
世界分布　西部・中部太平洋、インド洋

体長125cm(写真個体)

ナガタチカマス
Thyrsitoides marleyi
クロタチカマス科
体は平たくて細長い。両あごの先に大きなキバ状の歯がある。体を立てて静止している。体長2mほどになる。

生息深度　300〜600m
日本分布　南日本
世界分布　西部太平洋、インド洋

ムラサキヌタウナギ
Eptatretus okinoseanus
ヌタウナギ科
解説→P.52

第7章

体長84.6cm（写真個体）

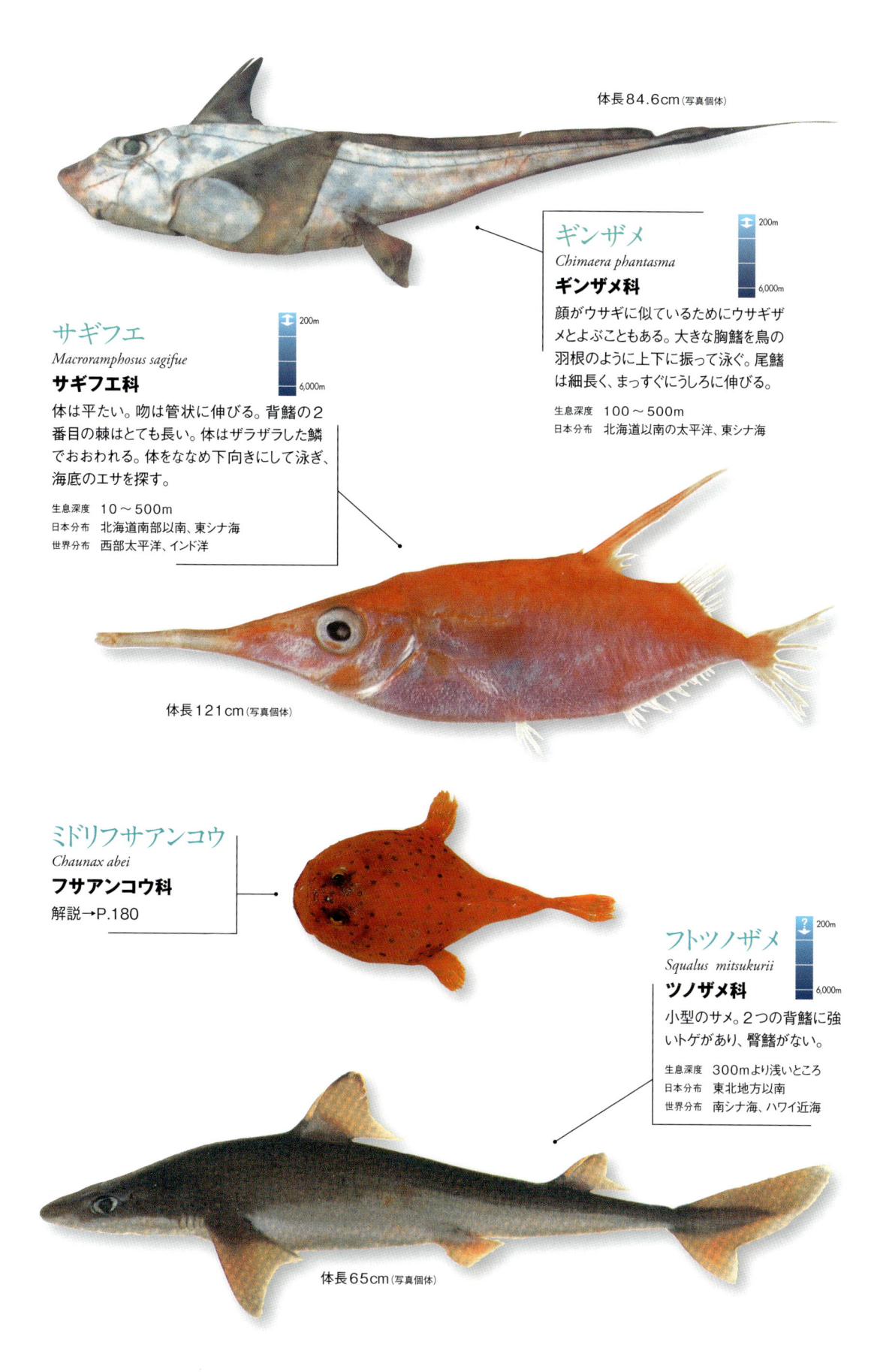

ギンザメ
Chimaera phantasma
ギンザメ科

200m
6,000m

顔がウサギに似ているためにウサギザメとよぶこともある。大きな胸鰭を鳥の羽根のように上下に振って泳ぐ。尾鰭は細長く、まっすぐにうしろに伸びる。

生息深度　100〜500m
日本分布　北海道以南の太平洋、東シナ海

サギフエ
Macroramphosus sagifue
サギフエ科

200m
6,000m

体は平たい。吻は管状に伸びる。背鰭の2番目の棘はとても長い。体はザラザラした鱗でおおわれる。体をななめ下向きにして泳ぎ、海底のエサを探す。

生息深度　10〜500m
日本分布　北海道南部以南、東シナ海
世界分布　西部太平洋、インド洋

体長12.1cm（写真個体）

ミドリフサアンコウ
Chaunax abei
フサアンコウ科
解説→P.180

フトツノザメ
Squalus mitsukurii
ツノザメ科

200m
6,000m

小型のサメ。2つの背鰭に強いトゲがあり、臀鰭がない。

生息深度　300mより浅いところ
日本分布　東北地方以南
世界分布　南シナ海、ハワイ近海

体長65cm（写真個体）

ぼくたちの身近にいる深海魚

197

02 おすし屋さんで注文してみよう

　おすし屋さんで食べられる魚は、基本的には浅い海でとれるものがほとんどです。しかし、ときどき深海魚のキンメダイやメダイを目にすることがあります。「ギンガレイ」という名前を見たことがあると思いますが、これはカラスガレイのことで、身が銀色であることからこうよばれています。また、同じカラスガレイの背鰭（せびれ）と臀鰭（しりびれ）を動かす細かな棒状の筋肉は「えんがわ」とよばれ、コリコリした食感で人気があります。東北や北海道で、運がよければムツ、メヌケ、キチジ、ギンダラも食べることができます。

キンメダイ
Beryx splendens
キンメダイ科

眼は大きくて金色に輝く。尾鰭はまん中で深く切れこむ。すし以外に煮物、干物などにする。

生息深度　200〜800mの岩場
日本分布　釧路以南
世界分布　太平洋、インド洋、大西洋

体長38.7cm（写真個体）
（藍澤正宏氏提供）

オオサガ（メヌケの仲間）
Sebastes iracundus
フサカサゴ科

赤い大型のメバル類で、深海から引きあげられたときに眼がとびだすことから「メヌケ（眼抜け）」という。北海道ではおめでたいときにタイのかわりにする。とてもおいしく、刺身や鍋料理などで食べられる。

生息深度　200〜1,300m
日本分布　北日本の太平洋、千島列島

体長39.4cm（写真個体）

ギンダラ
Anoplopoma fimbria
ギンダラ科
解説→P.204

キチジ
Sebastolobus macrochir
フサカサゴ科
解説→P.200

体長38.5cm(写真個体)

ムツ
Scombrops boops
ムツ科

体は長くて、太い。体は大きな鱗でおおわれる。最大体長は1mを超える。脂ののる冬が旬。すし、煮つけなどにする。卵巣は「むつこ」として食べられる。

生息深度　200〜700mの岩礁域(成魚)
日本分布　北海道以南、東シナ海、鳥島

メダイ
Hyperoglyphe japonica
イボダイ科

吻は丸い。背鰭の棘は短くて弱い。体長は90cmほどになる。白身で味は淡白。刺身、すし、煮つけ、焼き物、みそ漬けなどにする。旬は冬。

生息深度　400〜500m
日本分布　北海道以南の日本各地

体長50cm(写真個体)

カラスガレイ
Reinhardtius hippoglossoides
カレイ科

カラスのように黒いことから名前がついた。口は大きい。身が銀色に光っていることから、すし屋ではギンガレイという名前で出ている。また、この種の「えんがわ」もすしにする。

生息深度　400〜1,000m
日本分布　相模湾以北
世界分布　日本海、ベーリング海から北極海、北部大西洋

体長35cm(写真個体)

ぼくたちの身近にいる深海魚

03 高級食材の深海魚？

　キンメダイ、ハマダイ、オオサガ、キチジなどは深海魚とは思えない美しい姿をしています。さらに、その身はとてもおいしく、高級食材として扱われ、マダイよりも値段が高い場合もあります。養殖できるマダイより、たくさんとれない深海魚のほうがめずらしいからでしょう。アンコウは身のほかに、「アンキモ」とよばれる肝臓も高級食材です。

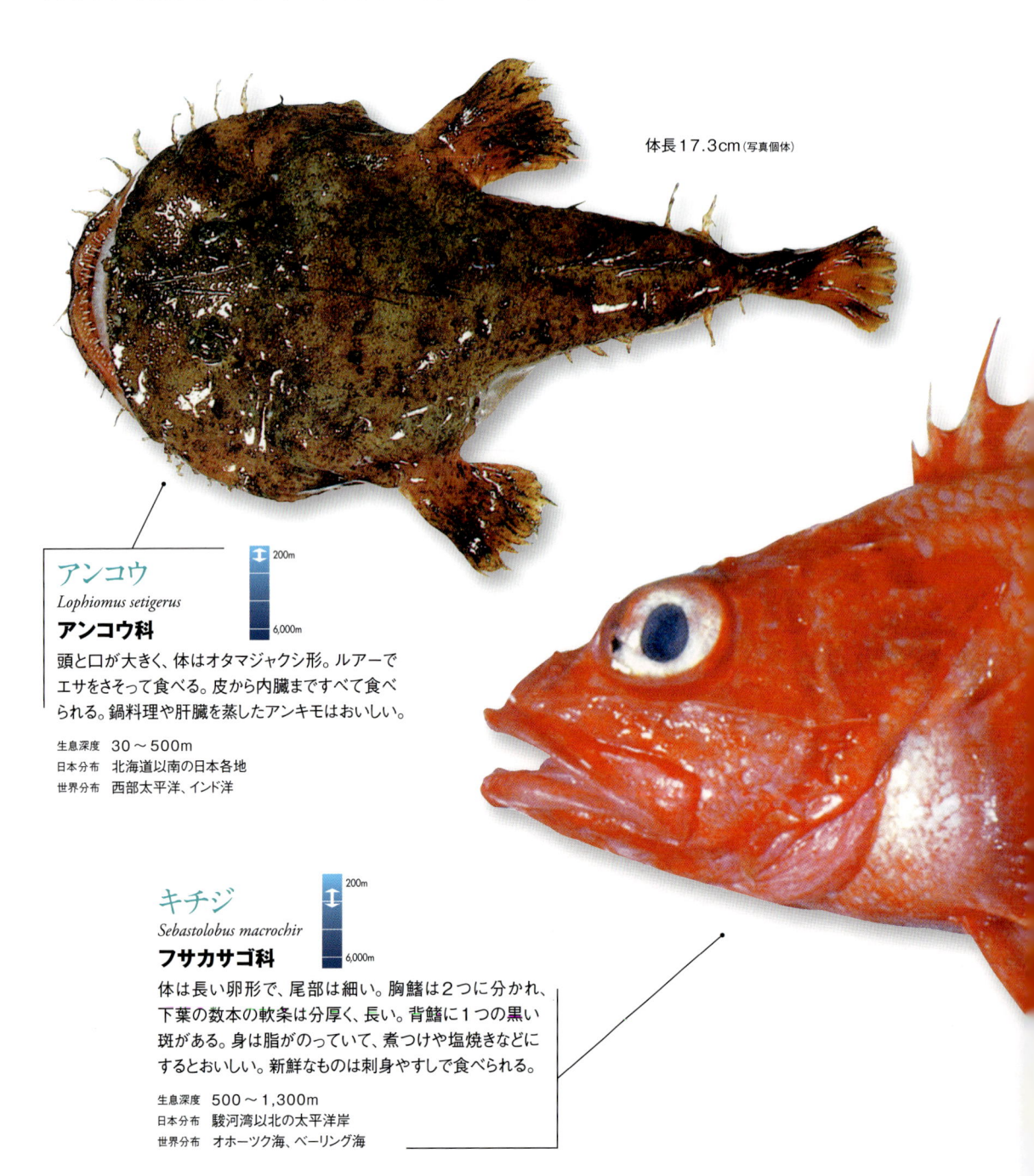

体長17.3cm（写真個体）

アンコウ
Lophiomus setigerus
アンコウ科

200m〜6,000m

頭と口が大きく、体はオタマジャクシ形。ルアーでエサをさそって食べる。皮から内臓まですべて食べられる。鍋料理や肝臓を蒸したアンキモはおいしい。

生息深度　30〜500m
日本分布　北海道以南の日本各地
世界分布　西部太平洋、インド洋

キチジ
Sebastolobus macrochir
フサカサゴ科

200m〜6,000m

体は長い卵形で、尾部は細い。胸鰭は2つに分かれ、下葉の数本の軟条は分厚く、長い。背鰭に1つの黒い斑がある。身は脂がのっていて、煮つけや塩焼きなどにするとおいしい。新鮮なものは刺身やすしで食べられる。

生息深度　500〜1,300m
日本分布　駿河湾以北の太平洋岸
世界分布　オホーツク海、ベーリング海

ハマダイ
Etelis coruscans
フエダイ科
解説→P.196

キンメダイ
Beryx splendens
キンメダイ科
解説→P.198

オオサガ(メヌケの仲間)
Sebastes iracundus
フサカサゴ科
解説→P.198

体長28cm(写真個体)

ぼくたちの身近にいる深海魚

04 スーパーで売っている深海魚を探してみよう

深海魚は丸ごと売っていることは少なく、売り場では切り身になってならんでいることがほとんどです。タラの仲間のニュージーランドヘイク、ホキ、シロダラは冷凍の切り身で売られ、天ぷらなどにしてお弁当のおかずに重宝されます。スケトウダラは、身はすり身に、卵巣はタラコとして売られます。キンメダイ、アカウオ類はみそ漬けや粕漬け、メヌケは切り身、ギンダラは切り身やみそ漬け、クサカリツボダイは干物に加工されます。福島県、高知県などではアオメエソ（商品名：メヒカリ）、ニギス（商品名：オキウルメ）の丸干しが名物です。

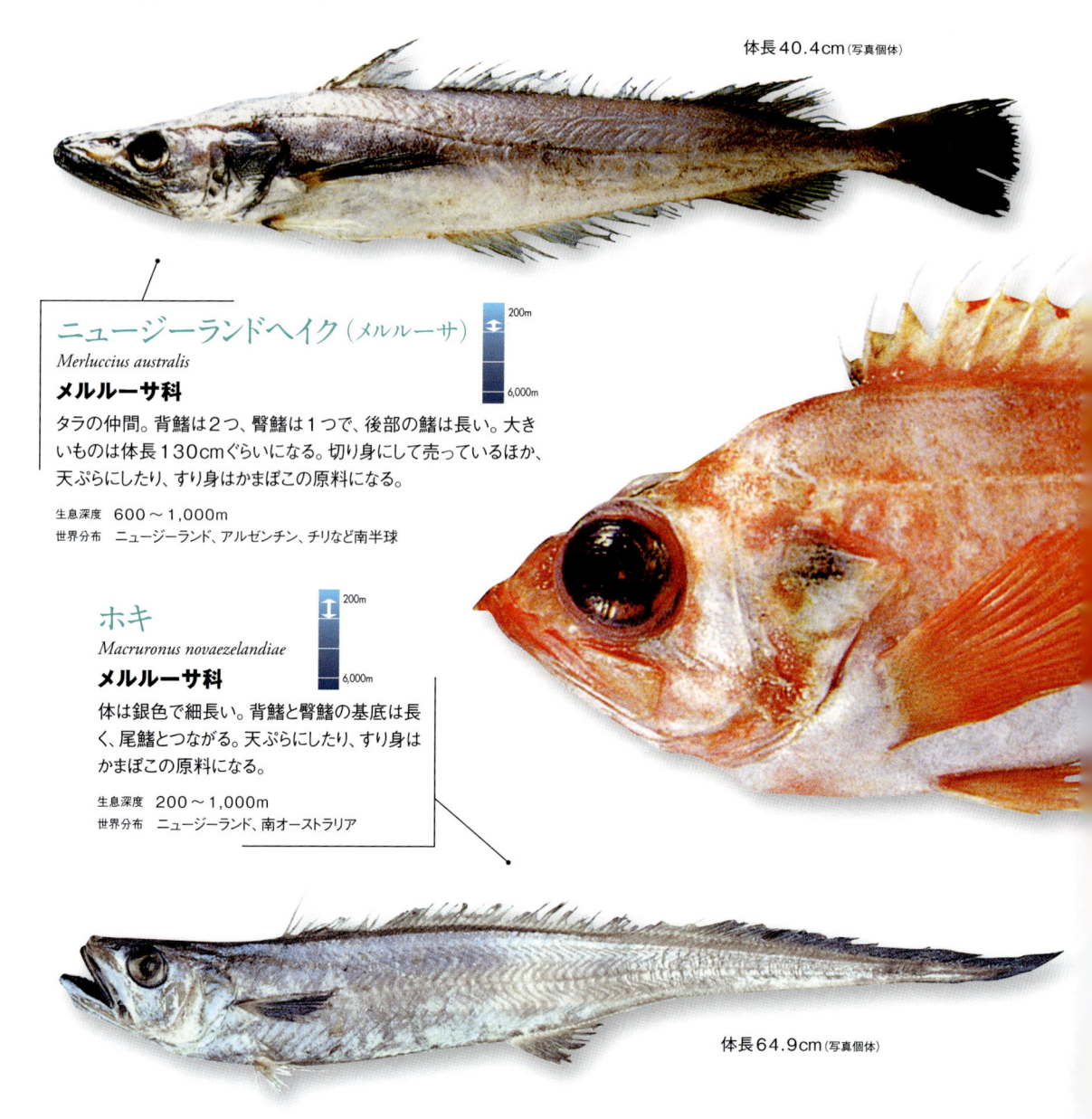

体長40.4cm（写真個体）

ニュージーランドヘイク（メルルーサ）
Merluccius australis
メルルーサ科

タラの仲間。背鰭は2つ、臀鰭は1つで、後部の鰭は長い。大きいものは体長130cmぐらいになる。切り身にして売っているほか、天ぷらにしたり、すり身はかまぼこの原料になる。

生息深度　600〜1,000m
世界分布　ニュージーランド、アルゼンチン、チリなど南半球

ホキ
Macruronus novaezelandiae
メルルーサ科

体は銀色で細長い。背鰭と臀鰭の基底は長く、尾鰭とつながる。天ぷらにしたり、すり身はかまぼこの原料になる。

生息深度　200〜1,000m
世界分布　ニュージーランド、南オーストラリア

体長64.9cm（写真個体）

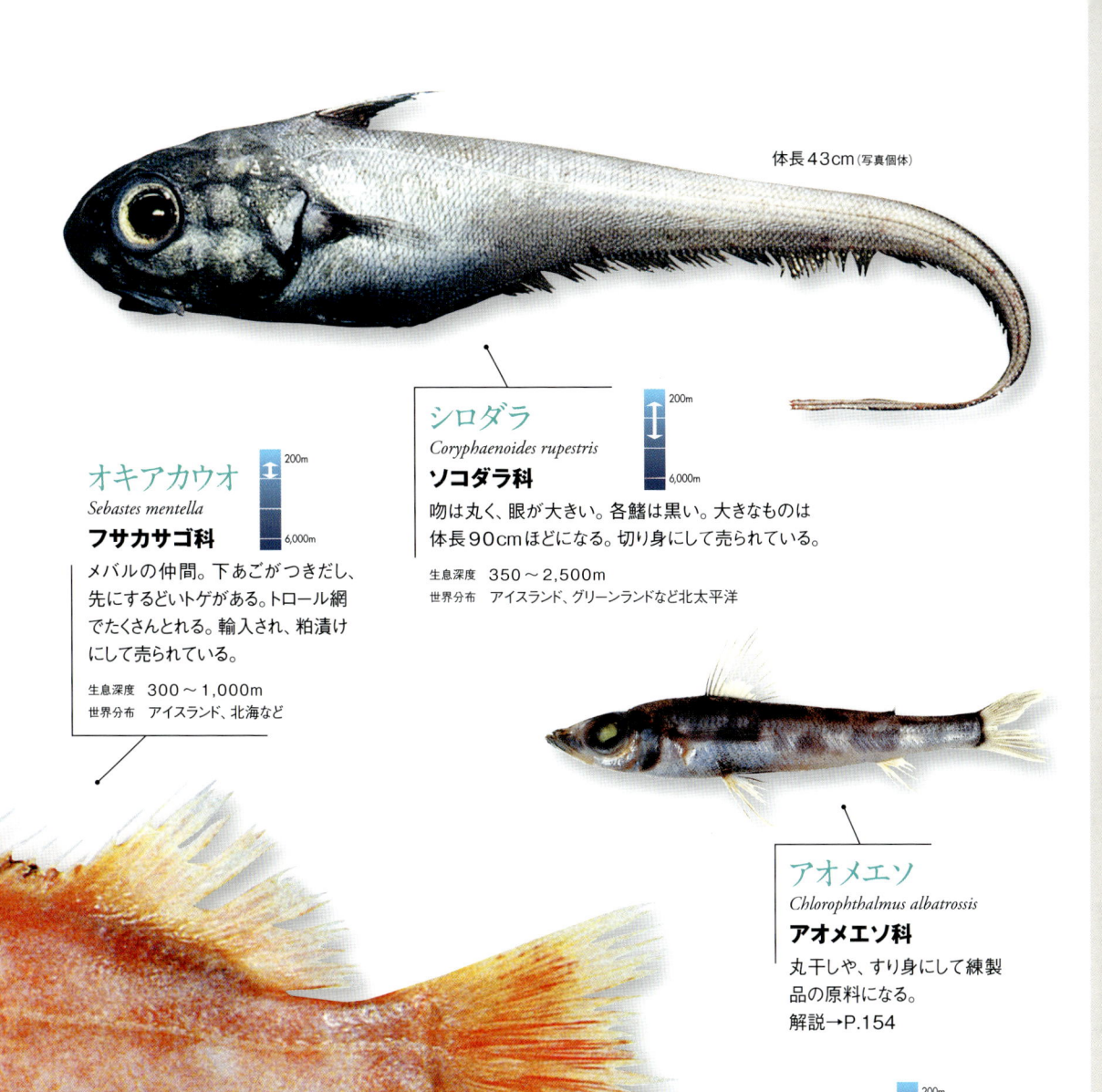

体長43cm（写真個体）

シロダラ
Coryphaenoides rupestris
ソコダラ科
200m〜6,000m

吻は丸く、眼が大きい。各鰭は黒い。大きなものは体長90cmほどになる。切り身にして売られている。

生息深度　350〜2,500m
世界分布　アイスランド、グリーンランドなど北太平洋

オキアカウオ
Sebastes mentella
フサカサゴ科
200m〜6,000m

メバルの仲間。下あごがつきだし、先にするどいトゲがある。トロール網でたくさんとれる。輸入され、粕漬けにして売られている。

生息深度　300〜1,000m
世界分布　アイスランド、北海など

アオメエソ
Chlorophthalmus albatrossis
アオメエソ科

丸干しや、すり身にして練製品の原料になる。
解説→P.154

体長22.9cm（写真個体）

スケトウダラ
Theragra chalcogramma
タラ科
200m〜6,000m

体は細長い。口は比較的大きい。背鰭は3つ、臀鰭は2つ。尾鰭は大きく、後縁はほぼ直線的である。トロール網、刺し網、延縄などでとる。身はすり身に、卵巣はタラコにする。

生息深度　400〜1,280m
日本分布　山口県、宮城県以北
世界分布　オホーツク海、北太平洋

体長47.1cm（写真個体）

ぼくたちの身近にいる深海魚

203

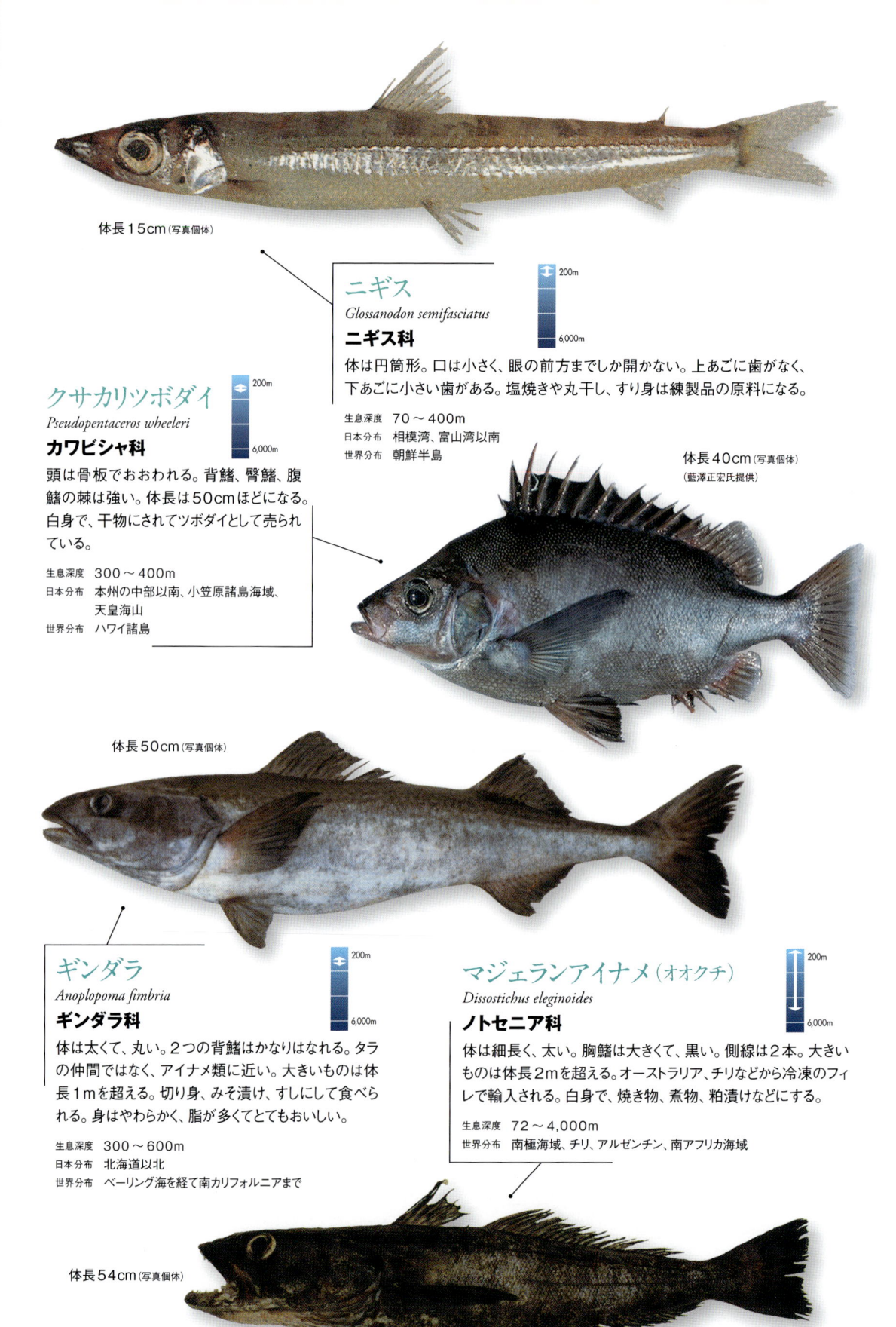

体長15cm（写真個体）

ニギス
Glossanodon semifasciatus
ニギス科
体は円筒形。口は小さく、眼の前方までしか開かない。上あごに歯がなく、下あごに小さい歯がある。塩焼きや丸干し、すり身は練製品の原料になる。

生息深度　70〜400m
日本分布　相模湾、富山湾以南
世界分布　朝鮮半島

クサカリツボダイ
Pseudopentaceros wheeleri
カワビシャ科
頭は骨板でおおわれる。背鰭、臀鰭、腹鰭の棘は強い。体長は50cmほどになる。白身で、干物にされてツボダイとして売られている。

生息深度　300〜400m
日本分布　本州の中部以南、小笠原諸島海域、天皇海山
世界分布　ハワイ諸島

体長40cm（写真個体）
（藍澤正宏氏提供）

体長50cm（写真個体）

ギンダラ
Anoplopoma fimbria
ギンダラ科
体は太くて、丸い。2つの背鰭はかなりはなれる。タラの仲間ではなく、アイナメ類に近い。大きいものは体長1mを超える。切り身、みそ漬け、すしにして食べられる。身はやわらかく、脂が多くてとてもおいしい。

生息深度　300〜600m
日本分布　北海道以北
世界分布　ベーリング海を経て南カリフォルニアまで

マジェランアイナメ（オオクチ）
Dissostichus eleginoides
ノトセニア科
体は細長く、太い。胸鰭は大きくて、黒い。側線は2本。大きいものは体長2mを超える。オーストラリア、チリなどから冷凍のフィレで輸入される。白身で、焼き物、煮物、粕漬けなどにする。

生息深度　72〜4,000m
世界分布　南極海域、チリ、アルゼンチン、南アフリカ海域

体長54cm（写真個体）

第7章

204

05 名物「深海魚」料理を食べにいこう

　駿河湾や相模湾の漁村には深海魚の料理を出す店があり、隠れた名物になっています。ヌタウナギは煮物に、トウジン、フサアンコウ、チゴダラなどは鍋料理に、ヨロイザメは刺身にします。山陰から東北地方では、昔からタナカゲンゲの鍋料理や煮物が食べられています。富山県や石川県では、ノロゲンゲやシロゲンゲを「げんげんぼう」とよび、汁物や煮物などで親しまれています。高知県のある店では、ミドリフサアンコウ、ハダカイワシ、ニギス、アオメエソなどの干物をあぶって出しています。東京の店でも蒸したアブラガレイを酢じょうゆで食べられるところがあります。ギスは日本各地で昔からかまぼこや揚げ物の原料にされています。

体長53cm（写真個体）

トウジン
Coelorinchus japonicus
ソコダラ科

吻は強くとびだし、先はトゲ状で、側縁はほぼ直線。口は頭の下面に開く。下あごの下面に1本の短いヒゲがある。頭は鱗でおおわれる。

生息深度　300～1,000m
日本分布　南日本
世界分布　西部太平洋の暖海域

体長35.4cm（写真個体）

チゴダラ
Physiculus japonicus
チゴダラ科

吻は丸い。口は頭の前端に開く。歯は小さくてヤスリ状。下あごの先に短いヒゲがある。腹鰭の間に小さい丸い発光器がある。

生息深度　150～650m
日本分布　東京湾～東シナ海

ミドリフサアンコウ
Chaunax abei
フサアンコウ科
解説→P.180

ぼくたちの身近にいる深海魚

205

ギス
Pterothrissus gissu
ギス科

口は頭の下面に開く。背鰭の基底は長い。背鰭と臀鰭に棘がない。肛門はかなりうしろにあり、臀鰭のすぐ前に開く。

生息深度　200～1,000m
日本分布　函館以南の日本各地、九州・パラオ海嶺など

ムラサキヌタウナギ
Eptatretus okinoseanus
ヌタウナギ科
解説→P.52

体長28cm(写真個体)

タナカゲンゲ
Lycodes tanakae
ゲンゲ科

体はずんぐりし、頭は丸くて太い。胸鰭は大きく、腹鰭は小さい。体全体にさまざまな形の白い斑がある。

生息深度　300～500m
日本分布　鳥取県以北の日本海、オホーツク海
世界分布　沿海州、サハリン東岸、北部千島列島

体長74cm(写真個体)

体長50cm（写真個体）

アブラガレイ
Atheresthes evermanni

200m — 6,000m

カレイ科

口は大きくて、眼のうしろまで開く。大きな歯には逆さのトゲがある。眼の表面に鱗がある。

生息深度　60〜900m
日本分布　東北地方以北
世界分布　日本海北部、オホーツク海、ベーリング海

ヨロイザメ
Dalatias licha

200m — 6,000m

ヨロイザメ科

吻は短い。第1背鰭は体のほぼ中央部にある。両背鰭はほぼ同じ大きさで、前部に棘がない。くちびるは厚い。上あごの歯は細長いトゲ状で、下あごの歯は幅が広い。

生息深度　200〜1,800m
日本分布　南日本
世界分布　太平洋、大西洋の温帯・熱帯海域

体長47cm（写真個体）

ぼくたちの身近にいる深海魚

ニギス
Glossanodon semifasciatus
ニギス科
解説→P.204

ノロゲンゲ
Bothrocara hollandi
ゲンゲ科
解説→P.103

コラム 魚食民族、日本人

　日本人ほど魚をおいしく食べている民族はほかにないでしょう。わたくしは仕事で外国へ魚を採集しに出かけることがよくありますが、そこでも必ず魚料理を食べます。しかし、外国のお店で出される魚はどれも同じ味つけです。

　日本では、外国では見向きもされないハゼ（ゴリ）やギンポなどから、高級魚のマグロ、さらにシラス（カタクチイワシの子ども）やイカナゴのクギ煮（イカナゴの子どもをしょうゆやみりんなどで煮つめた郷土料理）、ノレソレ（マアナゴの子ども）など、成魚だけでなく子どもまで食べます。魚によって料理方法が工夫され、それぞれのおいしさを価格に関係なく、同じように楽しむことができます。

　わたくしは魚の分類学を専門にしているので、食べるときも味のちがいで魚を分類し、また同じ種であっても、産地のちがいまで意識して区別します。少し前にきしわだ自然資料館が『チリメンモンスターをさがせ！』という本を出版し、話題になりました。チリメンジャコは魚の子どもを生干しにしたもので、スーパーでパックに入ったものを買うといろいろなおもしろい形をしたものがまざっています。わたくしはこれを買ってきて、皿の上に広げ、まず形や色素のちがいを見て箸で種分けし、それぞれの味を楽しむということもしています。

　ハダカイワシ、カンテンゲンゲ、チゴダラなどの干物、ソコダラやシャチブリの煮つけ、キホウボウやベニカワムキの焼き物、ザラガレイやサケビクニンの刺身など、深海魚もいろいろと食べてみましたが、それぞれ味がちがいます。最近のテクノロジーは肉の一片からDNAを分析することができますが、わたくしたち日本人は、昔から舌によって魚の分析をしてきたのです。

あとがき

　みなさん、『深海魚ってどんな魚―驚きの形態から生態、利用―』をお楽しみいただけたでしょうか。

　『深海魚―暗黒街のモンスターたち―』の出版から4年。おかげさまで多くの方に読んでいただき、講演や出前授業などに出かけると、本についての感想や、新たなご質問をちょうだいすることもありました。そんななか、子どもでも読みやすいものを作ってほしいという注文が多くよせられ、この本を作ることになりました。

　この4年の間には、国立科学博物館で3回の深海魚のワークショップに参加し、たくさんの深海魚を観察して撮影することができました。また、北海道大学で何回も深海魚の標本を作製し、写真を撮る機会がありました。そのおかげで、前の本ではスケッチでしかお見せできなかった深海魚のいくつかを、この本では写真で紹介することができました。また、前回写真で紹介できた深海魚でも、できるだけ新しく撮影した写真を使用することを心がけました。この本ではじめて写真をお見せできる深海魚も登場しています。

　この本の編集中、深海魚に関する2つの表現に出会いました。1つは、2012年暮れにニューヨークのアメリカ自然史博物館で開催された発光生物の展覧会のパンフレットに出ていた見出しで、『In the deep sea, the only light comes from living things. Match the creature with the way it uses bioluminescence（深海では、光は生きているものからのみもたらされ、生物は用途にあった方法で生物の発光を利用する）』です。深海魚をよくあらわした言葉です。

　もう1つは昭和の詩人、明石海人の「深海に生きる魚族のように自ら燃えなければ何処にも光はない」という詩です。2013年1月に亡くなった大島渚映画監督がこの詩を愛したそうで、共感するものがあります。

　「海は広いな、深いな、行ってみたいな深い海」と前の本の中で歌いました。深海は未知の世界です。深海には深海魚を含めまだまだ知られていないことがたくさんあります。

　深海魚はみなさんを待っています。

謝　辞

　この本を書くために、北海道大学海洋生物学講座には深海魚の標本作製作業に参加させてもらい、多くの深海魚の写真を撮影させていただきました。国立科学博物館動物研究部には深海魚のワークショップに参加させてもらい、深海魚の標本の撮影をさせていただきました。また、下に書いた多くの機関と研究者から標本写真や図の使用、情報の提供、作図などで協力していただきました。お世話になった方々に深く感謝いたします。

　機関:アメリカ魚類・は虫類学会、大英博物館、コペンハーゲン大学、北海道大学、海外漁業協力財団、海洋研究開発機構、国立科学博物館、高知大学、モントレー水族館、名古屋港水族館、日本動物分類学会、日本魚類学会、日本生物地理学会、日本水産資源保護協会、沖縄美ら海水族館、大阪海遊館、水産総合研究センター開発調査センター（前　海洋水産資源開発センター）、東海大学出版会。

　国内個人:阿部拓三氏、藍澤正宏氏、尼岡利崇氏、千葉悟氏、遠藤広光氏、藤井英一氏、福井篤氏、原田誠一郎氏、林公義氏、本間義治氏、星野浩一氏、今村央氏、稲英史氏、故川口弘一氏、河合俊郎氏、川内淳郎氏、木村清志氏、小林知吉氏、栗岩薫氏、栗田正徳氏、町田吉彦氏、松田乾氏、松本瑠偉氏、松浦啓一氏、宮正樹氏、水沢六郎氏、杢雅利氏、永野優季氏、中江雅典氏、中町雅典氏、中村泉氏、仲谷一宏氏、中山直英氏、西田清徳氏、日登弘氏、野中愛氏、越知豊子氏、小谷健二氏、故岡村収氏、大橋慎平氏、三戸秀敏氏、佐々木邦夫氏、佐藤圭一氏、佐藤崇氏、下村政雄氏、篠原現人氏、白井滋氏、祖一誠氏、須田健太氏、田城文人氏、戸田実氏、内田詮三氏、矢部衛氏、山口益次郎氏、山川武氏、山本むつ美氏、山本雄士氏、山中智之氏、吉池直史氏。

　海外個人:Morgan Busby氏、Natalia Chernova氏、Dan Cohen氏、Peter Herring氏、Tomio Iwamoto氏、Alan Jamieson氏、Chris Kenaley氏、Jerome Mallefet氏、Jon Moore氏、Geoff Moser氏、Tom Munroe氏、Jørgen Nielsen氏、Jim Orr氏、故Nik Parin氏、John Paxton氏、Ted Pietsch氏、Dima Pitruck氏、Kim Reisenbichler氏、Bruce Robison氏、Nalani Schnell氏、David Stein氏。

　最後に、国立科学博物館主催の深海魚ワークショップに参加された方々、および標本作製作業に参加した北海道大学の学生にいろいろとお世話になり、有り難うございました。また、この本の出版を快諾されたブックマン社社長の木谷仁哉氏に感謝いたします。

参考にした文献

A

Ahlstrom, E. H., H. G. Moser and D. M. Cohen. 1984. Argentinoidei: Development and relationships. pp. 155-169. In: Ontogeny and systematics of fishes. Spec. Publ., No. 1, Amer. Soc. Ichthyol. and Herpeto.

藍澤正宏.1990.ギンハダカ科,ムネエソ科,トカゲハダカ科.111-116頁,119-120頁.尼岡邦夫・松浦啓一・稲田伊史・武田正倫・畑中寛・岡田啓介編.ニュージーランド海域の水族.海洋水産資源開発センター.

藍澤正宏.2006.深海で進化した光る魚.国立科学博物館ニュース,(444): 6-7.

Amaoka, K. 1971. Studies on the larvae and juveniles of the sinistral flounders-II. *Chascanopsetta lugubris.* Japan. J. Ichthyol., 18(1): 25-32.

尼岡邦夫.1982.ダルマガレイ科,ベニカワムキ科.296-299頁,302-305頁.岡村収・尼岡邦夫・三谷文夫編.九州一パラオ海嶺ならびに土佐湾の魚類.日本水産資源保護協会.

尼岡邦夫.1983.セキトリイワシ科,アカグツ科,ラクダアンコウ科,クロアンコウ科,シダアンコウ科,ナカムラギンメ科,カブトウオ科,アカクジラウオダマシ科,クジラウオ科,ヤエギス科,アシロ科.72-75頁,114-125頁,128-129頁,250-255頁.尼岡邦夫・仲谷一宏・新谷久男・安井達夫編.東北海域・北海道オホーツク海域の魚類.日本水産資源保護協会.

尼岡邦夫.1990.ダルマガレイ科.322-325頁.尼岡邦夫・松浦啓一・稲田伊史・武田正倫・畑中寛・岡田啓介編.ニュージーランド海域の水族.海洋水産資源開発センター.

尼岡邦夫.1995.ニギス科,ソコイワシ科,ヒウチダイ科,オニキンメ科,カブトウオ科,アカクジラウオダマシ科.68-71頁,145-148頁.岡村収・尼岡邦夫・武田正倫・矢野和成・岡田啓介・千国史郎編.グリーンランド海域の水族.海洋水産資源開発センター.

Amaoka, K. and E. Yamamoto. 1984. Review of the genus *Chascanopsetta*, with the description of a new species. Bull. Fac. Fish., Hokkaido Univ., 35(4): 201-224.

尼岡邦夫・仲谷一宏・矢部衞.2011. 北海道の全魚類図鑑. 北海道新聞社, 482頁.

尼岡邦夫・仲谷一宏・新谷久男・安井達夫編.1983.東北海域・北海道オホーツク海域の魚類.日本水産資源保護協会,371頁.

尼岡邦夫・松浦啓一・稲田伊史・武田正倫・畑中寛・岡田啓介編.1990.ニュージーランド海域の水族.海洋水産資源開発センター,410頁.

Andriyashev, A. P. 1955. A new fish of the lumpfish family (Pisces, Liparidae) found at a depth of more than 7 kilometers. Trud. Inst. Okeano., 7: 340-344.

荒井孝男.1990.ソコダラ科.171-194頁.尼岡邦夫・松浦啓一・稲田伊史・武田正倫・畑中寛・岡田啓介編.ニュージーランド海域の水族.海洋水産資源開発センター.

荒井孝男・上野輝彌.1980.深海魚の種類.月刊海洋科学,12(8): 594-611.

B

Barbour, T. 1941a. *Ceratias mitsukurii* in M. C. Z. Copeia,1941(3): 175.

Barbour T. 1941b. Notes on pediculate fishes. Proc. New England Zool. Club., 19: 7-14.

Beebe, W. 1933. Deep-sea stomiatoid fishes. One new genus and eight new species. Copeia, 1933(4): 160-179.

Beebe, W. 1934. Deep-sea fishes of the Bermuda oceanographic expeditions. Idiacanthidae. Zoologica, 16(4): 149-241.

Bertelsen, E. 1951. The ceratioid fishes. Ontogeny, taxonomy, distribution and biology. Dana Report, (39): 1-282.

Bertelsen, E. 1958. The argentinoid fish *Xenophthalmichthys danae.* Dana Report, (45): 3-10.

Bertelsen, E. 1980. Notes on Linophrynidae V: A revision of the deepsea anglerfishes of the *Linophryne arborifera*-group (Pisces, Ceratioidei). Steenstrupia, 6(6): 29-70.

Bertelsen, E. 1982. Notes on Linophrynidae VIII: A review of the genus *Linophryne,* with new records and descriptions of two new species. Steenstrupia, 8(3): 49-104.

Bertelsen, E. and G. Krefft. 1988. The ceratioid family Himantolophidae (Pisces, Lophiiformes). Steenstrupia, 14(2): 9-89.

Bertelsen, E. and J. G. Nielsen. 1987. The deep sea eel family Monognathidae (Pisces, Anguilliformes). Steenstrupia, 13(4): 144-198.

Bertelsen, E. and T. W. Pietsch. 1996. Revision of the ceratioid anglerfish genus *Lasiognathus* (Lophiiformes: Thaumatichthyidae), with the description of a new species. Copeia, 1996(2): 401-409.

Bertelsen, E. and P. J. Struhsaker. 1977. The ceratioid fishes of the genus *Thaumatichthys*. Osteology, relationships, distribution and biology. Galathea Report, 14: 7-40, pls.1-3.

Bertelsen, E., T. W. Pietsch and R. J. Lavenberg. 1981. Ceratioid anglerfishes of the family Gigantactinidae: Morphology, systematics, and distribution. Contr. Sci. (Los Angeles), (332): i-vi+1-74.

Bertin, L. 1934. Les poissons apodes appartenant au sous-ordre des Lyomères. Dana Report, (3): 1-56.

Bertin, L. 1938. Formes nouvelles et formes larvaires de poissons Apodes appartenant au sous-ordre des Lyomères. Dana Report, (3): 1-56.

Bradbury, M. G. and D. M. Cohen. 1958. An illustration and a new record of the North Pacific bathypelagic fish *Macropinna microstoma.* Stanford Ichthyol. Bull., 7(3): 57-59.

Bullock, T. H. 1973. Seeing the world through a new sense: Electroreception in fish. Amer. Sci., 61: 316-325.

C

Campbell, A. and J. Dawer (松浦啓一監訳).2007.海の動物百科2.魚類I.朝倉書店,73+15頁.

Campbell, A. and J. Dawer (松浦啓一監

訳).2007.海の動物百科3.魚類Ⅱ.朝倉書店, 149+15頁.

Claes, J. M., K. Sato and J. Mallefet. 2011. Morphology and control of photogenic structures in a rare dwarf pelagic lantern shark (*Etmopterus splendidus*). J. Exper. Mar. Biol. and Ecol., 406(2011):1-5.

Cohen, D. M. 1958. *Bathylychnops exilis,* a new genus and species of argentinoid fish from the North Pacific. Stanford Ichthyol. Bull., 7(3): 47-52.

Cohen, D. M. and B. A. Rohr. 1993. Description of a giant circumglobal *Lamprogrammus* species (Pisces: Ophidiidae). Copeia, 1993(2):470-475.

E

遠藤広光.1995.タラ科.109-122頁.岡村収・尼岡邦夫・武田正倫・矢野和成・岡田啓介・千国史郎編.グリーンランド海域の水族.海洋水産資源開発センター.

遠藤広光.2006.ソコダラ類の形とその意味.国立科学博物館ニュース,(444): 10-11.

F

藤井英一.1982.ホテイエソ科,ホウライエソ科,ホウキボシエソ科,ワニトカゲギス科,ミツマタヤリウオ科,ハダカエソ科.82-91頁,102-113頁.岡村収・尼岡邦夫・三谷文夫編.九州ーパラオ海嶺ならびに土佐湾の魚類.日本水産資源保護協会.

藤井英一.1983.ヨコエソ科,ホテイエソ科,フデエソ科,デメエソ科.132-136頁,149-154頁,171-172頁,197頁.上野輝弥・松浦啓一・藤井英一編.スリナム・ギアナ沖の魚類.海洋水産資源開発センター.

藤井英一.1990.ヤリエソ科.147頁.尼岡邦夫・松浦啓一・稲田伊史・武田正倫・畑中寛・岡田啓介編.ニュージーランド海域の水族.海洋水産資源開発センター.

藤倉克則・奥谷喬司・丸山正編著. 2012. 潜水調査船が観た深海生物,深海生物研究の現在.第2版.東海大学出版会,489頁.

Fukui, A. and H. Kuroda. 2007. Larvae of *Lamprogrammus shcherbachevi* (Ophidiiformes: Ophidiidae) from the western North Pacific Ocean. Ichthyol. Res., 2007:74-80.

G

Gibbs, R. H., Jr. 1960. The stomiatoid fish genera *Eustomias* and *Melanostomias* in the Pacific, with descriptions of two new species. Copeia, 1980(3): 200-203.

Gibbs, R. H., Jr. 1964. Family Idiacanthidae. pp. 512-522. In: Fishes of the Western North Atlantic. Mem. Sears Found. Mar. Res. Mem., 1 (pt 4).

H

Haedrich, R. L. and J. E. Cradock. 1969. Distribution and biology of the opisthoproctid fish, *Winteria telescopa* Brauer 1901. Brevoria, (294): 1-11.

Haneda, Y. 1938. Über den leuchtfisch *Malacocephalus leavis* (Lowe). Japn. J. Med. Sci. Ⅲ. Biophysics, 3: 355-366.

Haneda, Y. 1952. Some luminous fishes of the genera *Yarrella* and *Polyipnus*. Pacific Sci., 6: 13-16.

羽根田弥太.1972.発光生物の話.北隆館, 225頁.

Herring, P. (沖山宗雄訳).2006.深海の生物学.東海大学出版会,429頁.

本間義治・水沢六郎.1981.糸魚川海岸へ漂着したアカナマダ(真骨魚類・紐体類)ー墨の吐出をめぐって.新潟県生物教育研究会誌,(16): 21-25.

Honma, Y. and K. Tsumura. 1980. Notes on a crestfish (Lophotidae, Lampridiformes) caught off Sado Island in the Sea of Japan. Sado Mar. Biol. St., Niigata Univ., (10): 11-16.

Hulley, P. A. 1995. ハダカイワシ科.100-105頁.岡村収・尼岡邦夫・武田正倫・矢野和成・岡田啓介・千国史郎編.グリーンランド海域の水族.海洋水産資源開発センター.

I

井田斉.1982.ホラアナゴ科,コンゴウアナゴ科,ノコバウナギ科,シギウナギ科,ヒシダイ科,マトウダイ科.62-69頁,212-217頁.岡村収・尼岡邦夫・三谷文夫編.九州ーパラオ海嶺ならびに土佐湾の魚類.日本水産資源保護協会.

稲田伊史.1990.メルルーサ科.167頁.尼岡邦夫・松浦啓一・稲田伊史・武田正倫・畑中寛・岡田啓介編.ニュージーランド海域の水族.海洋水産資源開発センター.

石田実.1995.フサカサゴ科.151-152頁, 160頁.岡村収・尼岡邦夫・武田正倫・矢野和成・岡田啓介・千国史郎編.グリーンランド海域の水族.海洋水産資源開発センター.

岩井保.1971.魚学概論.恒星社厚生閣,228頁.

岩井保.1980.深海魚の生理・生態.月刊海洋科学,12(8): 548-554.

Iwamoto, T. and D. L. Stein. 1974. A systematic review of the rattail fishes (Macrouridae: Gadiformes) from Oregon and adjacent waters. Occ. Pap. Calif. Acad. Sci., (111): 1-79.

J

James, G. D. and T. Inada. 1990.オオメマトウダイ科.220-224頁.尼岡邦夫・松浦啓一・稲田伊史・武田正倫・畑中寛・岡田啓介編.ニュージーランド海域の水族.海洋水産資源開発センター.

K

蒲原稔治.1950.深海の魚族.日本出版社, 189+9頁.

金山勉.1982.ヌタウナギ科,フサカサゴ科. 38-39頁,270-279頁.岡村収・尼岡邦夫・三谷文夫編.九州ーパラオ海嶺ならびに土佐湾の魚類.日本水産資源保護協会.

金山勉.1983.ソコイワシ科.76-83頁,230-235頁.尼岡邦夫・仲谷一宏・新谷久男・安井達夫編.東北海域・北海道オホーツク海域の魚類.日本水産資源保護協会.

Kawaguchi, K. and H. G. Moser. 1984. Stomiatoidea: Development. pp.169-181. In: Ontogeny and systematics of fishes. Spec. Publ. No. 1, Amer. Soc. Ichthyol. and Herpeto.

木戸芳.1983.オオメマトウダイ科,パラムツ科,クサウオ科.126-127頁,130-131頁,160-161頁,292-303頁.尼岡邦夫・仲谷一宏・新谷久男・安井達夫編.東北海域・北海道オホーツク海域の魚類.日本水産資源保護協会.

木戸芳・矢部衛.1995.クサウオ科.176-185頁.岡村収・尼岡邦夫・武田正倫・矢野和成・岡田啓介・千国史郎編.グリーンランド海域の水族.海洋水産資源開発センター.

木村清志・河野芳已・塚本洋一・沖山宗雄. 1990.日本周辺海域から採集されたニセイタチウオ(新称).魚雑, 37(3): 318-320.

きしわだ自然資料館・きしわだ自然友の会・日下部敬之. 2009. チリメンモンスターをさがせ!. 偕成社,64頁.

Koefoed, E. 1927. Fishes from the sea-bottom. Scient. Results M. Sars N. Atlant. Deep-Sea Exped. 1910, v. 4 (pt 1): 1-148, pls. 1-6.

国立科学博物館.2006.特集 深海魚の世界を探る.国立科学博物館ニュース,(444): 1-30.

小柳貢.1995.ゲンゲ科.188-206頁.岡村収・尼岡邦夫・武田正倫・矢野和成・岡田啓介・千国史郎編.グリーンランド海域の水族.海洋水産資源開発センター.

久保田正.2007.駿河湾産板鰓類の採集記録-1969-1996.板鰓類研究会報,(48): 14-21.

久保田正・佐藤武.2010.駿河湾の深海魚(2).ラブカ(その2).自然史しずおか, (2)11.

久保田正・佐藤武.2010.駿河湾の深海魚(3).ミツクリエナガチョウチンアンコウ(その1).自然史しずおか, (31):9.

久保田正・佐藤武.2011.駿河湾の深海魚(3).ミツクリエナガチョウチンアンコウ(その2).自然史しずおか, (32):9.

久保田正・高橋俊介・関根敬済・平野敦資.2007.駿河湾三保海岸で冬春季に採集された打ち上げ魚類.漂着物学会誌, 5: 1-9.

久新健一郎・尼岡邦夫・仲谷一宏・井田斉・谷野保夫・千田哲資.1982.南シナ海の魚類.海洋水産資源開発センター,333頁.

L

Luck, D. G. and T. W. Pietsch. 2008. In-situ observations of a deep-sea ceratioid anglerfish of the genus Oneirodes (Lophiiformes: Oneirodidae). Copeia, 2008(2): 446-451.

M

Machida, Y. 1989. Record of Abyssobrotula galatheae (Ophidiidae: Ophidiiformes) from the Izu-Bonin Trench, Japan. Bull. Mar. Sci. Fish., Kochi Univ., (11): 23-25.

町田吉彦.1990.アシロ科.196-197頁.尼岡邦夫・松浦啓一・稲田伊史・武田正倫・畑中寛・岡田啓介編.ニュージーランド海域の水族.海洋水産資源開発センター.

町田吉彦.1994.フサアナゴ科,ニギス科,ヨコエソ科,ムネエソ科,トカゲハダカ科,ホテイエソ科,アシロ科,フサイタチウオ科,ミズジオクメウオ科,86-89頁,140-157頁,244-267頁.岡村収・北島忠弘編.沖縄舟状海盆及び周辺海域の魚類I.日本水産資源保護協会.

Machida, Y. and T. Yamakawa. 1990. Occurrence of the deep-sea diceratiid anglerfish Phrynichthys wedli in the East China Sea. Proc. Japan. Soc. Syst. Zool., (42): 60-65.

Marshall, N. B. 1965. The life of fishes. Weidenfeld and Nicolson Natural History, 402 pp.

Marshall, N. B. 1967. Sound-producing mechanisms and the biology of deep-sea fishes. Amer. Mus. Nat. Hist. (Marine Bioacoustic), 2: 123-133.

Marshall, N. B. 1979. Developments in deep-sea biology. Blandford Press, 566 pp.

益田一・尼岡邦夫・荒賀忠一・上野輝弥・吉野哲夫編.1984.日本列島産魚類大図鑑.東海大学出版会,466頁, 370 図版.

松原喜代松・落合明・岩井保.1979.新版,魚類学(上).恒星社厚生閣,375頁.

松浦啓一.1985.ダルマガレイ科.610-617頁.岡村収編.沖縄舟状海盆及び周辺海域の魚類II.日本水産資源保護協会.

松浦啓一・宮正樹編.1999.魚の自然史.水中の進化学.北海道大学図書刊行会,234頁.

Mead, G. W. 1960. Hermaphroditism in archibenthic and pelagic fishes of the order Iniomi. Deep-Sea Res., 6: 234-235.

Mead, G. W. 1964. Family Ipnopidae. pp.147-161. In: Fishes of the Western North Atlantic. Mem. Sears Found. Mar. Res. Mem. 1 (pt5).

Mead, G. W. 1966. Family Bathypteroidae. pp. 114-161. In: Fishes of the Western North Atlantic. Mem. Sears Found. Mar. Res. Mem. 1 (pt5).

Merrett, N. R. and J. G. Nielsen. 1987. A new genus and species of the family Ipnopidae (Pisces, Teleostei) from the eastern North Atlantic, with notes on its ecology. J. Fish. Biol., 31: 451-464.

宮正樹.1999.分岐系統からみた深海性オニハダカ属魚類の大進化,自然史研究における系統樹の発見的価値.117-132頁.松浦啓一・宮正樹編.魚の自然史.水中の進化学.北海道大学図書刊行会.

Miya, M. and T. Nemoto. 1985. Protandrous sex reversal in Cyclothone atraria (family Gonostomatidae). Japan. J. Ichthyol., 31(4): 438-440.

Miya, M., N. I. Holcroft, T. P. Satoh, M. Yamaguchi, M. Nishida and E. O. Wiley. 2007. Mitochondrial genome and a nuclear gene indicate a novel phylogenetic position of deep-sea tube-eye fish (Stylephoridae). Ichthyol. Res., 54: 323-332.

望月賢二.1982.シャチブリ科,アカグツ科,テンジクダイ科,ムツ科.114-117頁,190-197頁,226-229頁.岡村収・尼岡邦夫・三谷文夫編.九州ーパラオ海嶺ならびに土佐湾の魚類.日本水産資源保護協会.

望月賢二.1990.テンジクダイ科.258-264頁.尼岡邦夫・松浦啓一・稲田伊史・武田正倫・畑中寛・岡田啓介編.ニュージーランド海域の水族.海洋水産資源開発センター.

Monterey Bay Aquarium Research Institute. 2009. Researches solve mystery of deep-sea fish with tubular eyes and transparent head. Fish-resolution images related to the MBARI news release. http://www.mbari.org/news/news releases/ 2009/barreleye-hresimages.html

Moore, J. A. 2002. Upside-down swimming behavior in a whipnose anglerfish (Teleostei: Ceratioidei: Gigantactinidae). Copeia, 2002(4): 1144-1146.

Morrow, J. E., Jr. and R. H. Gibbs, Jr. 1964. Family Melanostomiatidae. pp. 351-511. In: Fishes of the Western North Atlantic. Mem. Sears Found. Mar. Res. Mem. 1 (pt 4).

Moser, H.G. 1981. Morphological and functional aspects of marine fish larvae. pp. 89-131. In: Marine fish larvae. Morphology, ecology, and relation to fisheries.

Moser, H. G. and E. H. Ahlstrom. 1974. Role of larval stages in systematic investigations of marine teleosts: The Myctophidae, a case study. Fish. Bull., 72(2): 391-413.

Moser, H. G., E. H. Ahlstrom and J. R. Paxton. 1984. Myctophidae: Development. pp. 218-239. In: Ontogeny and systematics of fishes. Spec. Publ., No. 1, Amer. Soc. Ichthyol. and Herpeto.

Munk, O. and E. Bertelsen. 1983. Histology of the attachment between the parastic male and the female in the deep-sea anglerfish Haplophryne mollis (Brauer, 1902) (Pisces, Ceratioidei). Vidensk. Medd. Dansk Nat. Foren., 144: 49-74.

N

Nafpaktitis, B. G. and M. Nafpaktitis.

1969. Lanternfishes (family Myctophidae) collected during Cruises 3 and 6 of the R/V Anton Bruun in the Indian Ocean. Bull. Los Angels County Mus. Nat. Hist., Sci., (5): 1-79.

長沼毅.1998.深海生物への招待.NHKブックス 775.日本放送出版協会,235頁.

中坊徹次編.2013.日本産魚類検索,全種の同定I,II,III.第三版.東海大学出版会,2428頁.

中村泉.1982.トカゲギス科,ムカシクロタチ科.70-71頁,260-261頁.岡村収・尼岡邦夫・三谷文夫編.九州ーパラオ海嶺ならびに土佐湾の魚類.日本水産資源保護協会.

中村泉.1986.パタゴニア海域の重要水族.海洋水産資源開発センター,369頁.

中村泉・岡村収.1995.セキトリイワシ科,ハナメイワシ科.72-86頁.岡村収・尼岡邦夫・武田正倫・矢野和成・岡田啓介・千田史郎編.グリーンランド海域の水族.海洋水産資源開発センター.

仲谷一宏.1982.ツノザメ科,アカエイ科.44-53頁,54-57頁.岡村収・尼岡邦夫・三谷文夫編.九州ーパラオ海嶺ならびに土佐湾の魚類.日本水産資源保護協会.

仲谷一宏.1983.シビレエイ科,ガンギエイ科,イレズミコンニャクアジ科.52-61頁,48-149頁,220-227頁.尼岡邦夫・仲谷一宏・新谷久男・安井達夫編.東北海域・北海道オホーツク海域の魚類.日本水産資源保護協会.

仲谷一宏.1990.ラブカ科,トラザメ科.54頁,58-61頁.尼岡邦夫・松浦啓一・稲田伊史・武田正倫・畑中寛・岡田啓介編.ニュージーランド海域の水族.海洋水産資源開発センター.

仲谷一宏.1994.ツノザメ科,ムツエラエイ科.50-59頁,72-73頁.岡村収・北島忠弘編.沖縄舟状海盆及び周辺海域の魚類I.日本水産資源保護協会.

仲谷一宏.2003.サメのおちんちんはふたつ.不思議なサメの世界.築地書館,232頁.

Nelson, J. S. 2006. Fishes of the world. 4th edition. John Wily and Sons, Inc. 601pp.

Nielsen, J. G. 1964. Fishes from depths exceeding 6000 meters. Galathea Report, 7: 113-124.

Nielsen, J. G. 1969. Systematics and biology of the Aphyonidae (Pisces, Ophidioidea). Galathea Report, 10: 1-90.

Nielsen, J. G. 1977. The deepest living fish *Abyssobrotula galatheae*. A new genus and species of oviparous ophidioids (Pisces, Brotulidae). Galathea Report, 14: 41-48.

Nielsen, J. G. and E. Bertelsen. 1985. The gulper-eel family Saccopharyngidae (Pisces, Anguilliformes). Steenstrupia, 11(6): 157-206.

Nielsen, J. G. and V. Larsen. 1970. Remarks on the identity of the giant Dana eel-larva. Vidensk. Medd. Dansk Nat. Foren., 133: 149-157.

Nielsen, J. G. and Y. Machida. 1985. Notes on *Barathronus maculatus* (Aphyonidae) with two records from off Japan. Japan. J. Ichthyol., 32(1): 1-5.

Nielsen, J. G. and A. Schwagermann. 1995. ノコバウナギ科,フウセンウナギ科,フクロウナギ科,ヨコエソ科,ホウライエソ科,ワニトカゲギス科,ホテイエソ科,トカゲハダカ科,ホウキボシエソ科.65-67頁,89-94頁.岡村収・尼岡邦夫・武田正倫・矢野和成・岡田啓介・千田史郎編.グリーンランド海域の水族.海洋水産資源開発センター.

Nielsen, J. G. and D. G. Smith. 1978. The eel family Nemichthyidae (Pisces, Anguilliformes). Dana Report, 88: 1-71.

Nielsen, J. G., E. Bertelsen and A. Jespersen. 1989. The biology of *Eurypharynx pelecanoides* (Pisces, Eurypharyngidae). Acta Zool., 70(3): 187-197.

Nielsen,J.G.,W.Schwarzhans and D.M. Cohen.2012.Revision of *Hastatobythites* and *Saccogaster* (Teleostei, Bythitidae) with three new species and a new genus.Zootaxa, 3579: 1-36.

O

Okamura, O. 1970. Fauna Japonica、Macrourina (Pisces). Academic Press of Japan, 216 pp. 44 pls.

Okamura, O. 1970. Studies on the macrouroid fishes of Japan. -Morphology, ecology and phylogeny-. Rept. Usa Mar. Sci. Biol. Sta., 17(1-2): 1-179.

岡村収.1982.アオメエソ科,イトヒキイワシ科,チゴダラ科,ソコダラ科,イタチウオ科.92-99頁,118-185頁.岡村収・尼岡邦夫・三谷文夫編.九州ーパラオ海嶺ならびに土佐湾の魚類.日本水産資源保護協会.

岡村収.1994.セキトリイワシ科,アオメエソ科,イトヒキイワシ科,ソトオリイワシ科,ヤリエソ科,チゴダラ科,サイウオ科,アンコウ科.110-113頁,122-123頁,132-135頁,170-171頁,176- 183頁,190-193頁,266-271頁.岡村収・北島忠弘編.沖縄舟状海盆及び周辺海域の魚類I.日本水産資源保護協会.

岡村収.1985.シャチブリ科,クロボウズギス科.438-441頁,558-559頁.岡村収編.沖縄舟状海盆及び周辺海域の魚類II.日本水産資源保護協会.

岡村収編.1985.沖縄舟状海盆及び周辺海域の魚類II.日本水産資源保護協会,415-781頁.

岡村収.1990.イトヒキイワシ科.132頁.尼岡邦夫・松浦啓一・稲田伊史・武田正倫・畑中寛・岡田啓介編.ニュージーランド海域の水族.海洋水産資源開発センター.

岡村収.1995.ソコダラ科,イッカクダラ科.123-130頁.岡村収・尼岡邦夫・武田正倫・矢野和成・岡田啓介・千田史郎編.グリーンランド海域の水族.海洋水産資源開発センター.

岡村収・尼岡邦夫編.2007.日本の海水魚.第3版,山と渓谷社,784頁.

岡村収・北島忠弘編.1984.沖縄舟状海盆及び周辺海域の魚類I.日本水産資源保護協会,414頁.

岡村収・尼岡邦夫・三谷文夫編.1982.九州ーパラオ海嶺ならびに土佐湾の魚類.日本水産資源保護協会,435頁.

岡村収・尼岡邦夫・武田正倫・矢野和成・岡田啓介・千田史郎編.1995.グリーンランド海域の水族.海洋水産資源開発センター,304頁.

Olsson, R. 1974. Endocrine organs of a parasitic male deep-sea angler-fish, *Edriolychnus schmidti*. Acta Zool., 55: 225-232.

P

Parin, N. V. and G. N. Pokhilskaya. 1974. A review of the Indo-Pacific species of the genus *Eustomias* (Melanostomiatidae, Osteichthyes). Trudy Inst. Okeanol. Akad. Nauk SSSR, v. 96: 316-368. [In Russian, English summ.]

Parin, N. V. and G. N. Pokhilskaya. 1978. On the taxonomy and distribution of the mesopelagic fish genus *Melanostomias* Brauer (Melanostomiatidae, Osteichthyes). Trudy Inst. Okeanol. Akad. Nauk SSSR, v. 111: 61-86. [In Russian, English summ.]

Parr, A. E. 1930. On the probable identity, life-history and anatomy of the free-living and attached males of the ceratioid fishes. Copeia, 1930: 129-135.

Paxton, J.E. 1989. Synopsis of the whalefishes (family Cetomimidae) with descriptions of four new genera. Records Australian Mus., 41: 135-206.

Pietsch, T. W. 1976. Dimorphism, parasitism and sex: Reproductive strategies among deep-sea ceratioid anglerfishes. Copeia, 1976(4): 781-793.

Pietsch, T. W. 1978. The feeding mechanism of *Stylephorus chordatus* (Teleostei: Lampridiformes): Functional and ecological implications. Copeia, 1978(2): 255-262.

Pietsch, T. W. 2005. Dimorphism, parasitism, and sex revisited: Modes of reproduction among deep-sea ceratioid anglerfishes (Teleostei: Lophiiformes). Ichthyol. Res. , 52(3): 207-236.

Pietsch, T. W. 2005. New species of the ceratioid anglerfish genus *Lasiognathus* Regan (Lophiiformes: Thaumatichthyidae) from the eastern north Atlantic off Madeira. Copeia, 2005(1): 77-81.

Pietsch, T. W. 2009. Oceanic anglerfishes extraordinary diversity in the deep sea. University of California Press, 557pp.

Pietsch, T. W. and Z. H. Baldwin. 2006. A revision of the deep-sea anglerfish genus *Spiniphryne* Bertelsen (Lophiiformes: Ceratioidei: Oneirodidae), with description of a new species from the Central and Eastern North Pacific Ocean. Copeia, 2006(3): 404-411.

Pietsch, T. W. and J. W. Orr. 2007. Phylogenetic relationships of deep-sea anglerfishes of the suborder Ceratioidei (Teleostei: Lophiiformes) based on morphology. Copeia, 2007(1): 1-34.

Pietsch, T. W., H. C. Ho and H. M. Chen. 2004. Revision of the deep-sea anglerfish genus *Bufoceratias* Whitley (Lophiiformes: Ceratioidei: Diceratiidae), with description of a new species from the Indo-Pacific Ocean. Copeia, 2004(1): 98-107.

Prokofiev, A.M. and E.I. Kukuev. 2007. Systematics and distribution of the swallowerfishes of the genus *Pseudoscopelus* (Chiasmodontidae). Moscow, KMK Scientific Press, 162pp.

R

Raju, S. N. 1974. Three new species of the genus *Monognathus* and the leptocephali of the order Saccopharyngiformes. Fish. Bull., 72(2): 547-562.

Randall, D. J. and Farrell, A. P. (eds.) 1997. Deep-sea fishes. Academic Press, 388 pp.

Regan, C. T. 1925a. A rare angler fish (*Ceratias holbolli*) from Iceland. Naturalist, 1925: 41-42.

Regan, C. T. 1925b. Dwarfed males parasitic on the females in oceanic angler-fishes (Pediculati, Ceratioidea). Proc. R. Soc. London, B 97: 386-400.

Regan, C. T. 1926. The pediculate fishes of the suborder Ceratioidea. Dana Oceanogr. Report, 2: 1-45.

Regan, C. T. and E. Trewavas. 1929. The fishes of the families Astronesthidae and Chauliodontidae. Danish Dana Exped. 1920-22, No. 5: 1-39, pls. 1-7.

Regan, C. T. and E. Trewavas. 1930. The fishes of the families Stomiatidae and Malacosteidae. Danish Dana Exped. 1920-22, No. 6: 1-143, pls. 1-14.

Regan, C. T. and E. Trewavas. 1932. Deep-sea anglerfish (Ceratioidea). Dana Report, 2: 1-113, pls. 1-10.

Robison, B. H. and K. R. Reisenbichler. 2008. *Macropinna microstoma* and the paradox of its tubular eyes. Copeia, 2008(4): 780-784.

Roule, L. and F. Angel. 1933. Poissons provenant des compagnes du Prince Albent Ier de Monaco. Résult. Camp. Sci. Monaco, 86: 1-115, pls. 1-6.

S

Saemundson, B. 1922. Zoologiske meddelelser fra Island. XIV. 11 Fiske, nye for Island, og supplerende om andre, tidligere kendte. Vidensk. Medd. Dansk Nat. Foren., 74: 159-201.

坂本一男.1983.クズアナゴ科,ホラアナゴ科,シギウナギ科,フクロウナギ科,ソコギス科.64-73頁,228-231頁.尼岡邦夫・仲谷一宏・新谷久男・安井達夫編.東北海域・北海道オホーツク海域の魚類.日本水産資源保護協会.

坂本一男.1990.サギフエ科.227-230頁.尼岡邦夫・松浦啓一・稲田伊史・武田正倫・畑中寛・岡田啓介編.ニュージーランド海域の水族.海洋水産資源開発センター.

猿渡敏郎.2008.チョウチンアンコウの繁殖.深海の片思い?相思相愛? 2008年度日本魚類学会年会講演要旨,55頁.

澤田幸雄.1983.チゴダラ科,バケダラ科,ソコダラ科.98-113頁,244-251頁.尼岡邦夫・仲谷一宏・新谷久男・安井達夫編.東北海域・北海道オホーツク海域の魚類.日本水産資源保護協会.

清水長.1990.ヒウチダイ科,ナカムラギンメ科.203頁,206-210頁.尼岡邦夫・松浦啓一・稲田伊史・武田正倫・畑中寛・岡田啓介編.ニュージーランド海域の水族.海洋水産資源開発センター.

篠原現人.2006.深海魚の世界を探る.国立科学博物館ニュース,(444): 4-5.

篠原直哉・岡村収.1995.クロボウズギス科.218頁.岡村収・尼岡邦夫・武田正倫・矢野和成・岡田啓介・千国史郎編.グリーンランド海域の水族.海洋水産資源開発センター.

白井滋.1983.トラザメ科,ツノザメ科,ギンザメ科,テングギンザメ科.46-51頁,60-63頁,228-229頁.尼岡邦夫・仲谷一宏・新谷久男・安井達夫編.東北海域・北海道オホーツク海域の魚類.日本水産資源保護協会.

Shirai, S. and K. Nakaya. 1992. Functional morphology of feeding apparatus of the cookie-cutter shark, *Isistius brasiliensis* (Elasmobranchii, Dalatiinae). Zool. Sci., 9(4): 811-821.

宗宮弘明.1980. 深海魚の視覚と生態,ーアオメエソを例にしてー.月刊海洋科学,12(8): 555-564.

Starks, E. C. 1908. The characters of atelaxia, a new suborder of fishes. Bull. Mus. Comp. Zool., Harvard Coll., 52(2): 17-22, pls.1-5.

Stearn, D. D. and T. W. Pietsch, 1995.ミツクリエナガチョウチンアンコウ科,シダアンコウ科,ラクダアンコウ科,クロアンコウ科,オニアンコウ科,ヒレナガチョウチンアンコウ科. 131-144頁.岡村収・尼岡邦夫・武田正倫・矢野和成・岡田啓介・千国史郎編.グリーンランド海域の水族.海洋水産資源開発センター.

Stevenson, D. E. and C. P. Kenaley. 2011. Revision of the manefish genus *Paracaristius* (Teleostei: Percomorpha: Caristiidae), with descriptions of a new genus and three new species. Copeia, 2011(3): 385-399.

T

為家節弥.1982.ハマダイ科.236-237頁.岡村収・尼岡邦夫・三谷文夫編.九州―パラオ海

嶺ならびに土佐湾の魚類.日本水産資源保護協会.

Tanaka, S. 1908. Notes on some rare fishes of Japan, with descriptions of two new genera and six new species. Jour. Coll. Sci., Imp. Univ. Tokyo, Japan, 23(13): 1-24, pls. 1-2.

Tåning, A. V. 1932. Notes on scopelids from the Dana Expeditions. Vidensk. Medd. Dansk Nat. Foren., 94: 125-146.

Tchernavin, V. V. 1953. Summary of the feeding mechanisms of a deep sea fish, *Chauliodus sloani*. Brit. Mus. (Nat. Hist.), 101 pp., 10 pls.

豊島貢.1983.ゲンゲ科.258-276頁.尼岡邦夫・仲谷一宏・新谷久男・安井達夫編.東北海域・北海道オホーツク海域の魚類.日本水産資源保護協会.

U

上野輝弥・佐々木邦夫.1983.ラブカ科,ミツクリザメ科.45頁,48頁.上野輝弥・松浦啓一・藤井英一編.スリナム・ギアナ沖の魚類.海洋水産資源開発センター.

上野輝弥・松浦啓一・藤井英一編.1983.スリナム・ギアナ沖の魚類.海洋水産資源開発センター,519頁.

W

Weihs, D. and H. G. Moser. 1981. Stalked eyes as an adaptation towards more efficient foraging in marine fish larvae. Bull. Mar. Sci., 31(1): 31-36.

Wisner, R. L. 1976. The taxonomy and distribution of lanternfishes (family Myctophidae) of the eastern Pacific Ocean. Navy Ocean Research and Development Activity, 229 pp.

Y

矢部衞.1983.フリソデウオ科,ウラナイカジカ科,カジカ科.126-127頁,154-159頁,280-289頁.尼岡邦夫・仲谷一宏・新谷久男・安井達夫編.東北海域・北海道オホーツク海域の魚類.日本水産資源保護協会.

矢部衞.1990.ハリゴチ科,ウラナイカジカ科.239-241頁,245-248頁.尼岡邦夫・松浦啓一・稲田伊史・武田正倫・畑中寛・岡田啓介編.ニュージーランド海域の水族.海洋水産資源開発センター.

山田陽巳.1990.メルルーサ科.164-169頁.尼岡邦夫・松浦啓一・稲田伊史・武田正倫・畑中寛・岡田啓介編.ニュージーランド海域の水族.海洋水産資源開発センター.

山川武.1982.アンコウ科,フサアンコウ科,ミツクリエナガチョウチンアンコウ科,ヒウチダイ科,キンメダイ科.186-191頁,198-199頁,202-209頁.岡村収・尼岡邦夫・三谷文夫編.九州ーパラオ海嶺ならびに土佐湾の魚類.日本水産資源保護協会.

山川武.1994.ヌタウナギ科,ハダカエソ科,アカグツ科,クロアンコウ科,フタツザオチョウチンアンコウ科.34-35頁,166-169頁,278-289頁.岡村収・北島忠弘編.沖縄舟状海盆及び周辺海域の魚類I.日本水産資源保護協会.

山川武.1995.ヒウチダイ科,オニガシラ科.436-439頁,452-453頁.岡村収編.沖縄舟状海盆及び周辺海域の魚類II.日本水産資源保護協会.

山本栄一.1982.ヨコエソ科,ムネエソ科.72-79頁.岡村収・尼岡邦夫・三谷文夫編.九州ーパラオ海嶺ならびに土佐湾の魚類.日本水産資源保護協会.

山本栄一.1983.ミツマタヤリウオ科,ホテイエソ科,イトヒキイワシ科,ハダカイワシ科,デメエソ科,ハダカエソ科,ミズウオ科,ホウライエソ科.84-97頁,234-235頁,240-243頁.尼岡邦夫・仲谷一宏・新谷久男・安井達夫編.東北海域・北海道オホーツク海域の魚類.日本水産資源保護協会.

山本みつ美・大橋慎平・小谷健二・矢部衞.2011.東北沖太平洋沿岸から記録された5種の魚類.日本生物地理学会会報, (66):221-231.

矢頭卓児.1982.キホウボウ科.282-287頁.岡村収・尼岡邦夫・三谷文夫編.九州ーパラオ海嶺ならびに土佐湾の魚類.日本水産資源保護協会.

矢頭卓児.1984.ソコダラ科.220-223頁,228-235頁,244-245頁.岡村収・北島忠弘編.沖縄舟状海盆及び周辺海域の魚類I.日本水産資源保護協会.

矢頭卓児.1985.フサカサゴ科,キホウボウ科,クサウオ科.562-575頁,582-585頁,594-595頁,602-605頁.岡村収編.沖縄舟状海盆及び周辺海域の魚類II.日本水産資源保護協会.

余吾豊.1987.魚類に見られる雌雄同体現象とその進化.1-47頁.中園明信・桑村哲生編.魚類の性転換.東海大学出版会.

Z

Zugmayer, E. 1911. Poissons provenant des campagnes du yacht Princesse-Alice (1901-1910). Résult. Camp. Sci. Monaco, 35: 1-174, pls. 1-6.

和名索引

和名	学名	ページ数	写真の出典、提供者（説明図を除く）

【ア】

アオメエソ	*Chlorophthalmus albatrossis*	**154**, 203	沖縄舟状海盆及び周辺海域の魚類I（1984）
アカクジラウオダマシ	*Barbourisia rufa*	**092**	
アカグツ	*Halieutaea stellata*	**181**	沖縄舟状海盆及び周辺海域の魚類I（1984）
アカグツ属の一種	*Halieutaea* sp.	**162**	深海魚ワークショップ
アカゲンゲ	*Puzanovia rubra*	**093**	
アカチゴダラ	*Physiculus rhodopinnis*	**092**	九州・パラオ海嶺ならびに土佐湾の魚類（1982）
アカドンコ	*Ebinania vermiculata*	**177**	
アカナマダ	*Lophotus capellei*	**087**	
アクマオニアンコウ	*Linophryne lucifer*	**042**, 179	グリーンランド海域の水族（1995）
アストロネセス リュトケニ	*Astronesthes luetkeni*	**033**	深海魚ワークショップ
アバチャン	*Crystallichthys matsushimae*	**165**	
アフィヨヌス デラチノウサス	*Aphyonus gelatinosus*	**157**	Nielsen氏　深海魚ワークショップ（お腹から出てきた子ども）
アブラガレイ	*Atheresthes evermanni*	**207**	
アラハダカ	*Myctophum asperum*	**144**	
アンコウ	*Lophiomus setigerus*	**200**	沖縄舟状海盆及び周辺海域の魚類I（1984）
アンドンモグラアンコウ	*Gigantactis perlatus*	**027**	

【イ】

イサゴビクニン	*Liparis ochotensis*	**096**	
イサリビハダカ	*Notoscopelus resplendens*	**140**	深海魚ワークショップ
イタハダカ	*Diogenichthys atlanticus*	**143**	深海魚ワークショップ
イナホツノアンコウ	*Bufoceratias thele*	**029**	
イヌホシエソ	*Eustomias* sp.	**031**	藍澤正宏氏
イバラハダカ	*Myctophum spinosum*	**144**	
イレズミガジ	*Lycodes caudimaculatus*	**099**	
イレズミコンニャクアジ	*Icosteus aenigmaticus*	**062**	
インドオニアンコウ	*Linophryne indica*	**168**, 179	

【ウ】

ウスハダカ	*Myctophum orientale*	**144**	

【エ】

エナシビワアンコウ	*Ceratias uranoscopus*	**028**	
エビスハダカ	*Diaphus brachycephalus*	**138**	深海魚ワークショップ

【オ】

オオアカクジラウオ	*Gyrinomimus* sp.	**187**	
オオイトヒキイワシ	*Bathypterois grallator*	184, **189**	海洋研究開発機構（P.184）　遠藤広光氏（P.189）
オオクチホシエソ	*Malacosteus niger*	**045**, 058	
オオサガ（メヌケの仲間）	*Sebastes iracundus*	**198**, 201	
オオセビレハダカ	*Notoscopelus caudispinosus*	**140**	
オオトカゲハダカ	*Heterophotus ophistoma*	**032**	深海魚ワークショップ
オオバンコンニャクウオ	*Squalolipalis dentatus*	**062**, 177	
オオメマトウダイ	*Allocyttus folletti*	**060**	東北海域・北海道オホーツク海域の魚類（1983）
オオヨコエソ	*Sigmops elongatus*	**079**, 153	
オキアカウオ	*Sebastes mentella*	**203**	グリーンランド海域の水族（1995）
オキナヒゲ	*Ventrifossa longibarbata*	**147**	
オキフリソデウオ	*Desmodema lorum*	**164**	
オナガモグラアンコウ	*Gigantactis gargantua*	**183**	深海魚ワークショップ
オニアンコウ	*Linophryne densiramus*	033, 110, **179**	深海魚ワークショップ
オニアンコウ属の一種	*Linophryne* sp.	**038**	深海魚ワークショップ
オニキンメ	*Anoplogaster cornuta*	**042**	
オニスジダラ	*Hymenogadus gracilis*	**159**	沖縄舟状海盆及び周辺海域の魚類I（1984）
オニハダカ	*Cyclothone atraria*	**154**	藍澤正宏氏
オニヒゲ	*Coelorinchus gilberti*	**148**	

【カ】

カタホウネンエソ	*Polyipnus stereope*	**080**, 118	藍澤正宏氏
カブトウオ	*Poromitra cristiceps*	**094**	
カラスガレイ	*Reinhardtius hippoglossoides*	**199**	
カラスダラ	*Halargyreus johnsonii*	**100**	東北海域・北海道オホーツク海域の魚類（1983）
カリブカンテントカゲギス	*Melanostomias macrophotus*	**058**	スリナム・ギアナ沖の魚類（1983）
カワリヒレダラ	*Melanonus zugmayeri*	**100**	
カンザシホシエソ	*Eustomias cancriensis*	**031**	深海魚ワークショップ

【キ】

キシュウヒゲ	*Coelorinchus smithi*	**087**	九州・パラオ海嶺ならびに土佐湾の魚類（1982）
ギス	*Pterothrissus gissu*	**206**	
キチジ	*Sebastolobus macrochir*	198, **200**	
キバアンコウ	*Neoceratias spinifer*	**110**	深海魚ワークショップ
キュウシュウヒゲ	*Coelorinchus jordani*	**148**	沖縄舟状海盆及び周辺海域の魚類I（1984）
ギンガエソ	*Bathophilus nigerrimus*	**182**	深海魚ワークショップ
キングホシエソ	*Bathophilus kingi*	**076**	深海魚ワークショップ
ギンザケイワシ	*Nansenia ardesiaca*	**043**, **061**	篠原現人氏
ギンザメ	*Chimaera phantasma*	**197**	
ギンダラ	*Anoplopoma fimbria*	198, **204**	
ギントカゲギス	*Astronesthes fedorovi*	**083**	深海魚ワークショップ
キンメダイ	*Beryx splendens*	**198**, 201	藍澤正宏氏

【ク】

クサカリツボダイ	*Pseudopentaceros wheeleri*	**204**	藍澤正宏氏
クマイタチウオ	*Monomitopus kumae*	**160**	沖縄舟状海盆及び周辺海域の魚類I（1984）
グラマトストミアス フラジェリバルバ	*Grammatostomias flagellibarba*	**190**	Roule & Angel（1933）
グリーンランドチョウチンアンコウ（新称）	*Himantolophus groenlandicus*	**028**	深海魚ワークショップ
クレナイホシエソ	*Pachystomias microdon*	**059**	深海魚ワークショップ
クロカサゴ	*Ectreposebastes imus*	**098**	
クログチコンニャクハダカゲンゲ	*Melanostigma atlanticum*	**043**, **103**	グリーンランド海域の水族（1995）
クロシオハダカ	*Diaphus kuroshio*	**139**	
クロソコイワシ	*Pseudobathylagus milleri*	**095**	
クロタチカマス	*Gempylus serpens*	**166**	
クロデメニギス	*Winteria telescopa*	**065**	深海魚ワークショップ
クロハダカ	*Taaningichthys minimus*	**096**, **138**	深海魚ワークショップ
クロヒゲホシエソ	*Melanostomias tentaculatus*	**031**	深海魚ワークショップ
クロボウズギス	*Pseudoscopelus sagamianus*	**053**	深海魚ワークショップ（食事後）

【コ】

ゴコウハダカ	*Ceratoscopelus townsendi*	**140**	
コヒレハダカ	*Stenobrachius leucopsarus*	079, **141**	
コンゴウアナゴ	*Simenchelys parasitica*	**043**	
コンニャクハダカゲンゲ	*Melanostigma orientale*	**155**	藍澤正宏氏

【サ】

サイウオ	*Bregmaceros japonicus*	**190**	
サガミソコダラ	*Ventrifossa garmani*	**146**	沖縄舟状海盆及び周辺海域の魚類I（1984）
サギフエ	*Macroramphosus sagifue*	**197**	沖縄舟状海盆及び周辺海域の魚類I（1984）
ザラガレイの仔魚	*Chascanopsetta lugbris lugbris*	**056**	Amaoka（1971）
ザラガレイの成魚	*Chascanopsetta lugbris lugbris*	**056**	沖縄舟状海盆及び周辺海域の魚類II（1985）
サラサイタチウオ	*Saccogaster tuberculata*	**160**	九州・パラオ海嶺ならびに土佐湾の魚類（1982）

【シ】

シギウナギ	*Nemichthys scolopaceus*	**049**, 152	深海魚ワークショップ（P.49）
シダアンコウ属の一種	*Gigantactis* sp.	**183**	深海魚ワークショップ
シチゴイワシ	*Neoscopelus porosus*	**079**	篠原現人氏
シロダラ	*Coryphaenoides rupestris*	**203**	グリーンランド海域の水族（1995）
シロハナハダカ	*Diaphus perspicillatus*	**138**	
シロヒゲコンニャクウオ	*Rhinoliparis barbulifer*	**061**	今村央氏
シロヒゲホシエソ	*Melanostomias melanops*	032, **057**	

【ス】

スイトウハダカ	*Diaphus gigas*	**139**	
スケトウダラ	*Theragra chalcogramma*	**203**	東北海域・北海道オホーツク海域の魚類（1983）
スジダラ	*Hymenocephalus striatissimus*	**147**	沖縄舟状海盆及び周辺海域の魚類Ⅰ（1984）
ススキハダカ	*Myctophum nitidulum*	**144**	
スタイルフォルス コルダタス	*Stylephorus chordatus*	**043**, 066	
スタインハダカ	*Lampanyctus steinbecki*	**141**	深海魚ワークショップ
スベスベカスベ	*Bathyraja minispinosa*	**089**	東北海域・北海道オホーツク海域の魚類（1983）
スベスベラクダアンコウ	*Chaenophryne longiceps*	**085**	グリーンランド海域の水族（1995）
スミスタンガクウナギ（新称）	*Monognathus smithi*	**048**	深海魚ワークショップ

【セ】

セッキハダカ	*Stenobrachius nannochir*	**141**	藍澤正宏氏

【ソ】

ソコキホウボウ	*Scalicus engyceros*	090, **181**	沖縄舟状海盆及び周辺海域の魚類Ⅱ（1985）
ソコクジラウオ属の一種	*Vitiaziella* sp.	062, **187**	深海魚ワークショップ
ソコグツ	*Dibranchus japonicus*	**162**, 180	東北海域・北海道オホーツク海域の魚類（1983）
ソコトクビレ	*Bathyagonus nigripinnis*	**091**	今村央氏
ソコハダカ	*Benthosema suborbitale*	**142**	深海魚ワークショップ
ソコマトウダイ	*Zenion japonicum*	**060**	九州・パラオ海嶺ならびに土佐湾の魚類（1982）
ソロイヒゲ	*Coelorinchus parallelus*	**158**	沖縄舟状海盆及び周辺海域の魚類Ⅰ（1984）

【タ】

ダイコクハダカ	*Diaphus metopoclampus*	**138**	
ダイニチホシエソ属の仔魚	*Eustomias* sp.	**055**	Kawaguchi & Moser（1984）
タチモドキ	*Benthodesmus tenuis*	**102**	
タナカゲンゲ	*Lycodes tanakae*	**206**	
ダルマコンニャクウオ	*Careproctus cyclocephalus*	**176**	
ダルマザメ	*Isistius brasiliensis*	**052**	
ダンゴヒゲ	*Cetonurus robustus*	**171**	

【チ】

チゴダラ	*Physiculus japonicus*	**205**	九州・パラオ海嶺ならびに土佐湾の魚類（1982）
チヒロクロハダカ	*Taaningichthys paurolychnus*	**138**	
チョウチンアンコウ	*Himantolophus sagamius*	**028**	
チョウチンハダカ	*Ipnops murrayi*	**064**	深海魚ワークショップ

【ツ】

ツノラクダアンコウ	*Chirophryne xenolophus*	**026**	深海魚ワークショップ
ツマリドングリハダカ	*Hygophum proximum*	**142**	
ツマリヨコエソ	*Gonostoma atlanticum*	**082**	深海魚ワークショップ

【テ】

テオノエソ	*Argyropelecus sladeni*	069, **118**	
デバアクマアンコウ（新称）	*Lasiognathus amphirhamphus*	**027**	Pietsch & Orr（2007）
デメエソ	*Benthalbella linguidens*	**070**	東北海域・北海道オホーツク海域の魚類（1983）
デメニギス	*Macropinna microstoma*	**065**, 071	藤井英一氏
テンガイハタの子ども	*Trachipterus trachypterus*	**164**	
テンガンムネエソ	*Argyropelecus hemigymnus*	039, 069, **116**	深海魚ワークショップ
テンガンヤリエソ	*Evermannella bulbo*	070, **154**	ニュージーランド海域の水族（1990）
テングトクビレ	*Leptagonus leptorhynchus*	**091**	

【ト】

トウジン	*Coelorinchus japonicus*	**205**	九州・パラオ海嶺ならびに土佐湾の魚類（1982）
トカゲギス	*Aldrovandia affinis*	**043**	九州・パラオ海嶺ならびに土佐湾の魚類（1982）
トカゲハダカ	*Astronesthes ijimai*	**032**, 075	沖縄舟状海盆及び周辺海域の魚類Ⅰ（1984）
トガリムネエソ	*Argyropelecus aculeatus*	069, 081, **118**	
ドクウロコイボダイ	*Tetragonurus cuvieri*	**099**	
トゲクシスミクイウオ	*Howella zina*	**061**	
トゲゲチョウチンアンコウのメスの子ども	*Diceratias bispinosus*	**172**	Bertelsen（1951）
トゲラクダアンコウ	*Oneirodes thompsoni*	**025**	深海魚ワークショップ

和名	学名	ページ	出典
トドハダカ	*Diaphus theta*	**139**	今村央氏
トビビクニン	*Careproctus roseofuscus*	**171**	
トミハダカ	*Lampanyctus alatus*	**142**	深海魚ワークショップ
トンガリハダカ	*Nannobrachium nigrum*	**141**	
ドングリハダカ	*Hygophum reinhardtii*	**142**	

【ナ】

ナガタチカマス	*Thyrsitoides marleyi*	**196**	九州・パラオ海嶺ならびに土佐湾の魚類（1982）
ナガヅエエソ	*Bathypterois guentheri*	**073**, 185	沖縄舟状海盆及び周辺海域の魚類Ⅰ（1984）
ナガハダカ	*Symbolophorus californiensis*	**143**	
ナガハナハダカ	*Centrobranchus chaerocephalus*	081, **139**	深海魚ワークショップ
ナガムネエソ	*Argyropelecus affinis*	**116**	
ナカムラギンメ	*Diretmichthys parini*	**101**	東北海域・北海道オホーツク海域の魚類（1983）
ナミダハダカ	*Diaphus knappi*	**139**	九州・パラオ海嶺ならびに土佐湾の魚類（1982）
ナミダホシエソ	*Melanostomias pollicifer*	033, **059**	山本みつ美ほか（2011）
ナメハダカ	*Lestidium prolixum*	**102**	沖縄舟状海盆及び周辺海域の魚類Ⅰ（1984）

【ニ】

ニギス	*Glossanodon semifasciatus*	**204**, 208	九州・パラオ海嶺ならびに土佐湾の魚類（1982）
ニシオニアンコウ	*Linophryne algibarbata*	**033**	
ニジハダカ	*Lampanyctus festivus*	**141**	深海魚ワークショップ
ニセイタチウオ	*Parabrotula plagiophthalma*	**155**	木村清志氏
ニホンマンジュウダラ	*Malacocephalus nipponensis*	038, **146**, 158	九州・パラオ海嶺ならびに土佐湾の魚類（1982）
ニュージーランドヘイク（メルルーサ）	*Merluccius australis*	**202**	ニュージーランド海域の水族（1990）

【ネ】

ネッタイソコイワシの仔魚	*Melanolagus bericoides*	**068**	Ahlstrom et al（1984）（仔魚）
			グリーンランド海域の水族（1995）（成魚）
ネッタイユメハダカ	*Diplophos taenia*	**081**	

【ノ】

ノコバイワシ	*Talismania antillarum*	**096**	
ノコバウナギ	*Serrivomer lanceolatoides*	**049**	
ノロゲンゲ	*Bothrocara hollandi*	**103**, 208	東北海域・北海道オホーツク海域の魚類（1983）

【ハ】

バーテルセンアンコウ	*Bertella idiomorpha*	**025**, 109	深海魚ワークショップ
ハクトウハダカ	*Lobianchia gemellarii*	**140**	深海魚ワークショップ
ハゲイワシ	*Alepocephalus owstoni*	**094**	沖縄舟状海盆及び周辺海域の魚類Ⅰ（1984）
バケダラ	*Squalogadus modificatus*	**163**	藍澤正宏氏
バシミクロプス レギス	*Bathymicrops regis*	**064**	Koefoed（1927）
ハダカイワシ	*Diaphus watasei*	**039**	九州・パラオ海嶺ならびに土佐湾の魚類（1982）
ハナグロインキウオ	*Paraliparis copei*	**043**	グリーンランド海域の水族（1995）
ハナゲンゲ	*Lycodes albonotata*	**101**	東北海域・北海道オホーツク海域の魚類（1983）
ハナビララクダアンコウ	*Phyllorhinichthys micractis*	**026**	深海魚ワークショップ
ハナメイワシ	*Sagamichthys abei*	**097**	
ハマダイ	*Etelis coruscans*	**196**, 201	九州・パラオ海嶺ならびに土佐湾の魚類（1982）
パラカリスティウス マデレンシス	*Paracaristius maderensis*	**097**	

【ヒ】

ヒガシオニアンコウ	*Linophryne coronata*	**167**	グリーンランド海域の水族（1995）
ヒガシホウライエソ	*Chauliodus macouni*	**024**	
ヒカリエソ	*Arctozenus risso*	**102**	篠原現人氏
ヒカリハダカの仔魚	*Myctophum aurolaternatum*	**069**	Moser & Ahlstrom（1974）
ヒゲキホウボウ	*Scalicus amiscus*	**090**, 178, 181	沖縄舟状海盆及び周辺海域の魚類Ⅱ（1985）
ヒサハダカ	*Myctophum obtusirostre*	**144**	
ヒシダイ	*Antigonia capros*	**093**	九州・パラオ海嶺ならびに土佐湾の魚類（1982）
ヒシハダカ	*Myctophum selenops*	143, **151**	
ビックリアンコウ（新称）	*Thaumatichthys axeli*	035, **045**	Bertelsen & Struhsaker（1977）
ヒナデメギス	*Dolichopteryx minuscula*	**065**	深海魚ワークショップ
ヒマントロフス ニグリコルニス	*Himantolophus nigricornis*	**173**	
ヒマントロフス マクロセラトイデス	*Himantolophus macroceratoides*	**174**	

和名	学名	ページ	出典
ヒメラクダアンコウ	*Oneirodes eschrichtii*	111, **167**	
ヒレグロビクニン	*Careproctus marginatus*	**176**	
ヒレナガチョウチンアンコウ	*Caulophryne pelagica*	109, **179**	深海魚ワークショップ
ヒレナシトンガリハダカ	*Nannobrachium* sp.	**141**	
ビワアンコウ	*Ceratias holboelli*	**108**, 182	

【フ】

和名	学名	ページ	出典
フウセンウナギ	*Saccopharynx ampullaceus*	**034**, 047, 054	グリーンランド海域の水族（1995）
フカミフデエソ	*Ahliesaurus brevis*	**098**	
フクロウナギ	*Eurypharynx pelecanoides*	034, **047**	グリーンランド海域の水族（1995）
フサイタチウオ	*Abythites lepidogenys*	**159**	
フジクジラ	*Etmopterus lucifer*	**156**	
ブタハダカ	*Centrobranchus nigroocellatus*	**139**	深海魚ワークショップ
フトシミフジクジラ	*Etmopterus splendidus*	**083**	Mallefet氏
フトツノザメ	*Squalus mitsukurii*	**197**	九州・パラオ海嶺ならびに土佐湾の魚類（1982）

【ヘ】

和名	学名	ページ	出典
ペリカンアンコウ	*Melanocetus johnsonii*	**027**	深海魚ワークショップ
ペリカンアンコウモドキ	*Melanocetus murrayi*	**042**, 108, 170	深海魚ワークショップ（P.42, P.170） 遠藤広光氏（P.108）
ペリカンザラガレイ	*Chascanopsetta crumenalis*	042, 164, **185**	

【ホ】

和名	学名	ページ	出典
ボウエンギョ	*Gigantura chuni*	**066**	深海魚ワークショップ
ホウキボシエソ	*Photostomias liemi*	**045**, 058	深海魚ワークショップ
ホウキボシエソ科の一種の仔魚	Malacosteidae sp.	**056**	Moser（1981）
ホウライエソ	*Chauliodus sloani*	042, **047**, 048	
ホキ	*Macruronus novaezelandiae*	**202**	ニュージーランド海域の水族（1990）
ホクヨウハダカ	*Tarletonbeania taylori*	139, **150**	
ホシエソ	*Valenciennellus tripunctulatus*	**080**	深海魚ワークショップ
ホシホウネンエソ	*Polyipnus matsubarai*	**080**, 118	深海魚ワークショップ
ホソギンガエソ	*Bathophilus pawneei*	**059**, 076	深海魚ワークショップ
ホソトンガリハダカ	*Lampanyctus nobilis*	**142**	
ホソヒゲホシエソ	*Eustomias bifilis*	**047**	九州・パラオ海嶺ならびに土佐湾の魚類（1982）
ホソミカヅキハダカ	*Bolinichthys longipes*	**138**	深海魚ワークショップ
ホソミクジラウオ	*Cetostoma regani*	**062**	東北海域・北海道オホーツク海域の魚類（1983）
ホソワニトカゲギス	*Macrostomias pacificus*	**166**	
ホタルビハダカ	*Lampadena urophaos*	**140**	深海魚ワークショップ
ホテイエソ	*Photonectes albipennis*	**166**	

【マ】

和名	学名	ページ	出典
マガリハダカ	*Symbolophorus evermanni*	**143**	
マジェランアイナメ（オオクチ）	*Dissostichus eleginoides*	**204**	パタゴニア海域の重要水族（1986）
マメハダカ	*Lampanyctus jordani*	**143**	
マユダマホシエソ	*Eustomias fissibarbis*	**031**	深海魚ワークショップ
マルギンガエソ	*Bathophilus brevis*	059, **075**	深海魚ワークショップ

【ミ】

和名	学名	ページ	出典
ミカエルデメエソ	*Scopelarchus michaelsarsi*	**071**	深海魚ワークショップ
ミカドハダカ	*Nannobrachium regale*	**140**	
ミズウオ	*Alepisaurus ferox*	**154**	
ミズジオクメウオ	*Barathronus maculatus*	155, **157**	遠藤広光氏
ミツイホシエソ	*Opostomias mitsuii*	**029**	東北海域・北海道オホーツク海域の魚類（1983）
ミツクリエナガチョウチンアンコウ	*Cryptopsaras couesii*	029, 086, **109**	
ミツクリザメ	*Mitsukurina owstoni*	**052**	スリナム・ギアナ沖の魚類（1983）
ミツボシカスベ	*Amblyraja badia*	089, **157**	東北海域・北海道オホーツク海域の魚類（1983）
ミツマタヤリウオ	*Idiacanthus antrostomus*	039, 054, **150**, 152	
ミツマタヤリウオの仔魚	*Idiacanthus antrostomus*	**068**	深海魚ワークショップ
ミドリフサアンコウ	*Chaunax abei*	**180**, 197, 205	九州・パラオ海嶺ならびに土佐湾の魚類（1982）
ミミズクラクダアンコウ	*Dolopichthys longicornis*	**038**	深海魚ワークショップ

【ム】

ムスジソコダラ	*Coelorinchus hexafasciatus*	**087**	九州・パラオ海嶺ならびに土佐湾の魚類（1982）
ムチホシエソ	*Flagellostomias boureei*	**029**	
ムツ	*Scombrops boops*	**199**	九州・パラオ海嶺ならびに土佐湾の魚類（1982）
ムツエラエイ	*Hexatrygon bickelli*	**165**	沖縄舟状海盆及び周辺海域の魚類Ⅰ（1984）
ムネエソ	*Sternoptyx diaphana*	**035**, **117**	
ムラサキギンザメ	*Hydrolagus purpurescens*	**101**	東北海域・北海道オホーツク海域の魚類（1983）
ムラサキヌタウナギ	*Eptatretus okinoseanus*	**052**, 196, 206	沖縄舟状海盆及び周辺海域の魚類Ⅰ（1984）
ムラサキホシエソ	*Echiostoma barbatum*	**039**, 079	

【メ】

メダイ	*Hyperoglyphe japonica*	**199**	九州・パラオ海嶺ならびに土佐湾の魚類（1982）

【ヤ】

ヤセクビレ	*Freemanichthys thompsoni*	091, **178**	
ヤセハダカエソ	*Lestidiops sphyraenopsis*	**103**	東北海域・北海道オホーツク海域の魚類（1983）
ヤバネウナギ	*Cyema atrum*	**049**	深海魚ワークショップ
ヤベウキエソ	*Vinciguerria nimbaria*	**082**	深海魚ワークショップ
ヤマトシビレエイ	*Torpedo tokionis*	**089**	東北海域・北海道オホーツク海域の魚類（1983）
ヤリエソ	*Coccorella atlantica*	**070**	
ヤリヒゲ	*Coelorinchus multispinulosus*	**148**	
ヤリホシエソ	*Leptostomias multifilis*	**032**	深海魚ワークショップ
ヤリホシエソ属の一種	*Leptostomias* sp.	**073**	
ヤワラゲンゲ	*Lycodapus microchir*	103, **155**	

【ユ】

ユウレイオニアンコウ（新称）	*Haplophryne mollis*	**111**, 163	深海魚ワークショップ
ユウレイオニアンコウ（新称）のメスの子ども	*Haplophryne mollis*	**171**	深海魚ワークショップ
ユメソコグツ	*Coelophrys brevicaudata*	**172**	深海魚ワークショップ

【ヨ】

ヨウジエソ	*Pollichthys mauli*	**082**	深海魚ワークショップ
ヨコエソ	*Sigmops gracilis*	**153**	藍澤正宏氏
ヨツメギス	*Rhynchohyalus natalensis*	**065**	深海魚ワークショップ
ヨロイギンメ	*Scopelogadus mizolepis mizolepis*	**095**	深海魚ワークショップ
ヨロイザメ	*Dalatias licha*	**207**	ニュージーランド海域の水族（1990）
ヨロイホシエソ	*Stomias nebulosus*	**083**	

【ラ】

ラクダアンコウ	*Chaenophryne draco*	025, 111, **169**	深海魚ワークショップ（P.25）
ラブカ	*Chlamydoselachus anguineus*	**168**	
ランプログラムス シュケルバッケリの仔魚	*Lamprogrammus shcherbachevi*	**055**	Fukui & Kuroda（2007）
ランプログラムス シュケルバッケリの成魚	*Lamprogrammus shcherbachevi*	**055**	Cohen & Rohr（1993）

【リ】

リボンイワシ	*Eutaeniophorus festivus*	**186**	中町雅典氏（写真） Bertelsen & Marshall（1984）より略写（スケッチ）
リュウグウノツカイ	*Regalecus russelii*	**074**	

【レ】

レンジュエソ	*Margrethia obtusirostra*	**081**	深海魚ワークショップ

【ロ】

ロウソクホシエソ	*Eustomias ioani*	**033**	山中みつ美ほか（2011）

【ワ】

ワニダラ	*Hymenocephalus longiceps*	**147**	
ワニトカゲギス	*Stomias affinis*	**039**	篠原現人氏

学名索引

学名	和名	ページ数	写真の出典、提供者（説明図を除く）
【A】			
Abythites lepidogenys	フサイタチウオ	**159**	
Ahliesaurus brevis	フカミフデエソ	**098**	
Aldrovandia affinis	トカゲギス	**043**	九州・パラオ海嶺ならびに土佐湾の魚類（1982）
Alepisaurus ferox	ミズウオ	**154**	
Alepocephalus owstoni	ハゲイワシ	**094**	沖縄舟状海盆及び周辺海域の魚類Ⅰ（1984）
Allocyttus folletti	オオメマトウダイ	**060**	東北海域・北海道オホーツク海域の魚類（1983）
Amblyraja badia	ミツボシカスベ	089, **157**	東北海域・北海道オホーツク海域の魚類（1983）
Anoplogaster cornuta	オニキンメ	**042**	
Anoplopoma fimbria	ギンダラ	198, **204**	
Antigonia capros	ヒシダイ	**093**	九州・パラオ海嶺ならびに土佐湾の魚類（1982）
Aphyonus gelatinosus	アフィヨヌス デラチノウサス	**157**	Nielsen氏
			深海魚ワークショップ（お腹から出てきた子ども）
Arctozenus risso	ヒカリエソ	**102**	篠原現人氏
Argyropelecus aculeatus	トガリムネエソ	069, 081, **118**	
Argyropelecus affinis	ナガムネエソ	**116**	
Argyropelecus hemigymnus	テンガンムネエソ	039, 069, **116**	深海魚ワークショップ
Argyropelecus sladeni	テオノエソ	069, **118**	
Astronesthes fedorovi	ギントカゲギス	**083**	深海魚ワークショップ
Astronesthes ijimai	トカゲハダカ	**032**, 075	沖縄舟状海盆及び周辺海域の魚類Ⅰ（1984）
Astronesthes luetkeni	アストロネセス リュトケニ	**033**	深海魚ワークショップ
Atheresthes evermanni	アブラガレイ	**207**	
【B】			
Barathronus maculatus	ミスジオクメウオ	155, **157**	遠藤広光氏
Barbourisia rufa	アカクジラウオダマシ	**092**	
Bathophilus brevis	マルギンガエソ	059, **075**	深海魚ワークショップ
Bathophilus kingi	キングホシエソ	**076**	深海魚ワークショップ
Bathophilus nigerrimus	ギンガエソ	**182**	深海魚ワークショップ
Bathophilus pawneei	ホソギンガエソ	**059**, 076	深海魚ワークショップ
Bathyagonus nigripinnis	ソコトクビレ	**091**	今村央氏
Bathymicrops regis	バシミクロプス レギス	**064**	Koefoed（1927）
Bathypterois grallator	オオイトヒキイワシ	184, **189**	海洋研究開発機構（P.184） 遠藤広光氏（P.189）
Bathypterois guentheri	ナガヅエエソ	**073**, 185	沖縄舟状海盆及び周辺海域の魚類Ⅰ（1984）
Bathyraja minispinosa	スベスベカスベ	**089**	東北海域・北海道オホーツク海域の魚類（1983）
Benthalbella linguidens	デメエソ	**070**	東北海域・北海道オホーツク海域の魚類（1983）
Benthodesmus tenuis	タチモドキ	**102**	
Benthosema suborbitale	ソコハダカ	**142**	深海魚ワークショップ
Bertella idiomorpha	バーテルセンアンコウ	**025**, 109	深海魚ワークショップ
Beryx splendens	キンメダイ	**198**, 201	藍澤正宏氏
Bolinichthys longipes	ホソミカヅキハダカ	**138**	深海魚ワークショップ
Bothrocara hollandi	ノロゲンゲ	**103**, 208	東北海域・北海道オホーツク海域の魚類（1983）
Bregmaceros japonicus	サイウオ	**190**	
Bufoceratias thele	イナホツノアンコウ	**029**	
【C】			
Careproctus cyclocephalus	ダルマコンニャクウオ	**176**	
Careproctus marginatus	ヒレグロビクニン	**176**	
Careproctus roseofuscus	トビビクニン	**171**	
Caulophryne pelagica	ヒレナガチョウチンアンコウ	109, **179**	深海魚ワークショップ
Centrobranchus chaerocephalus	ナガハナハダカ	081, **139**	深海魚ワークショップ
Centrobranchus nigroocellatus	ブタハダカ	**139**	深海魚ワークショップ
Ceratias holboelli	ビワアンコウ	**108**, 182	
Ceratias uranoscopus	エナシビワアンコウ	**028**	
Ceratoscopelus townsendi	ゴコウハダカ	**140**	
Cetonurus robustus	ダンゴヒゲ	**171**	
Cetostoma regani	ホソミクジラウオ	**062**	東北海域・北海道オホーツク海域の魚類（1983）
Chaenophryne draco	ラクダアンコウ	025, 111, **169**	深海魚ワークショップ（P.25）

Chaenophryne longiceps	スベスベラクダアンコウ	085	グリーンランド海域の水族（1995）
Chascanopsetta crumenalis	ペリカンザラガレイ	042, 164, **185**	
Chascanopsetta lugbris lugbris	ザラガレイの仔魚	056	Amaoka（1971）
Chascanopsetta lugbris lugbris	ザラガレイの成魚	056	沖縄舟状海盆及び周辺海域の魚類II（1985）
Chauliodus macouni	ヒガシホウライエソ	024	
Chauliodus sloani	ホウライエソ	042, **047**, 048	
Chaunax abei	ミドリフサアンコウ	**180**, 197, 205	九州・パラオ海嶺ならびに土佐湾の魚類（1982）
Chimaera phantasma	ギンザメ	197	
Chirophryne xenolophus	ツノラクダアンコウ	026	深海魚ワークショップ
Chlamydoselachus anguineus	ラブカ	168	
Chlorophthalmus albatrossis	アオメエソ	**154**, 203	沖縄舟状海盆及び周辺海域の魚類I（1984）
Coccorella atlantica	ヤリエソ	070	
Coelophrys brevicaudata	ユメソコグツ	172	深海魚ワークショップ
Coelorinchus gilberti	オニヒゲ	148	
Coelorinchus hexafasciatus	ムスジソコダラ	087	九州・パラオ海嶺ならびに土佐湾の魚類（1982）
Coelorinchus japonicus	トウジン	205	九州・パラオ海嶺ならびに土佐湾の魚類（1982）
Coelorinchus jordani	キュウシュウヒゲ	148	沖縄舟状海盆及び周辺海域の魚類I（1984）
Coelorinchus multispinulosus	ヤリヒゲ	148	
Coelorinchus parallelus	ソロイヒゲ	158	沖縄舟状海盆及び周辺海域の魚類I（1984）
Coelorinchus smithi	キシュウヒゲ	087	九州・パラオ海嶺ならびに土佐湾の魚類（1982）
Coryphaenoides rupestris	シロダラ	203	グリーンランド海域の水族（1995）
Cryptopsaras couesii	ミツクリエナガチョウチンアンコウ	029, 086, **109**	
Crystallichthys matsushimae	アバチャン	165	
Cyclothone atraria	オニハダカ	154	藍澤正宏氏
Cyema atrum	ヤバネウナギ	049	深海魚ワークショップ

【D】

Dalatias licha	ヨロイザメ	207	ニュージーランド海域の水族（1990）
Desmodema lorum	オキフリソデウオ	164	
Diaphus brachycephalus	エビスハダカ	138	深海魚ワークショップ
Diaphus gigas	スイトウハダカ	139	
Diaphus knappi	ナミダハダカ	139	九州・パラオ海嶺ならびに土佐湾の魚類（1982）
Diaphus kuroshio	クロシオハダカ	139	
Diaphus metopoclampus	ダイコクハダカ	138	
Diaphus perspicillatus	シロハナハダカ	138	
Diaphus theta	トドハダカ	139	今村央氏
Diaphus watasei	ハダカイワシ	039	九州・パラオ海嶺ならびに土佐湾の魚類（1982）
Dibranchus japonicus	ソコグツ	**162**, 180	東北海域・北海道オホーツク海域の魚類（1983）
Diceratias bispinosus	トゲゲチョウチンアンコウのメスの子ども	172	Bertelsen（1951）
Diogenichthys atlanticus	イタハダカ	143	深海魚ワークショップ
Diplophos taenia	ネッタイユメハダカ	081	
Diretmichthys parini	ナカムラギンメ	101	東北海域・北海道オホーツク海域の魚類（1983）
Dissostichus eleginoides	マジェランアイナメ(オオクチ)	204	パタゴニア海域の重要水族（1986）
Dolichopteryx minuscula	ヒナデメギス	065	深海魚ワークショップ
Dolopichthys longicornis	ミミズクラクダアンコウ	038	深海魚ワークショップ

【E】

Ebinania vermiculata	アカドンコ	177	
Echiostoma barbatum	ムラサキホシエソ	**039**, 079	
Ectreposebastes imus	クロカサゴ	098	
Eptatretus okinoseanus	ムラサキヌタウナギ	052, 196, 206	沖縄舟状海盆及び周辺海域の魚類I（1984）
Etelis coruscans	ハマダイ	**196**, 201	九州・パラオ海嶺ならびに土佐湾の魚類（1982）
Etmopterus lucifer	フジクジラ	156	
Etmopterus splendidus	フトシミフジクジラ	083	Mallefet氏
Eurypharynx pelecanoides	フクロウナギ	034, **047**	グリーンランド海域の水族（1995）
Eustomias bifilis	ホソヒゲホシエソ	047	九州・パラオ海嶺ならびに土佐湾の魚類（1982）
Eustomias cancriensis	カンザシホシエソ	031	深海魚ワークショップ
Eustomias fissibarbis	マユダマホシエソ	031	深海魚ワークショップ
Eustomias ioani	ロウソクホシエソ	033	山中みつ美ほか（2011）
Eustomias sp.	イヌホシエソ	031	藍澤正宏氏
Eustomias sp.	ダイニチホシエソ属の仔魚	055	Kawaguchi & Moser（1984）
Eutaeniophorus festivus	リボンイワシ	186	中町雅典氏（写真）

Evermannella bulbo	テンガンヤリエソ	070, **154**	Bertelsen & Marshall（1984）より略写（スケッチ） ニュージーランド海域の魚類（1990）

【F】

Flagellostomias boureei	ムチホシエソ	**029**	
Freemanichthys thompsoni	ヤセトクビレ	091, **178**	

【G】

Gempylus serpens	クロタチカマス	**166**	
Gigantactis gargantua	オナガモグラアンコウ	**183**	深海魚ワークショップ
Gigantactis perlatus	アンドンモグラアンコウ	**027**	
Gigantactis sp.	シダアンコウ属の一種	**183**	深海魚ワークショップ
Gigantura chuni	ボウエンギョ	**066**	深海魚ワークショップ
Glossanodon semifasciatus	ニギス	**204**, 208	九州・パラオ海嶺ならびに土佐湾の魚類（1982）
Gonostoma atlanticum	ツマリヨコエソ	**082**	深海魚ワークショップ
Grammatostomias flagellibarba	グラマトストミアス フラジェリバルバ	**190**	Roule & Angel（1933）
Gyrinomimus sp.	オオアカクジラウオ	**187**	

【H】

Halargyreus johnsonii	カラスダラ	**100**	東北海域・北海道オホーツク海域の魚類（1983）
Halieutaea sp.	アカグツ属の一種	**162**	深海魚ワークショップ
Halieutaea stellata	アカグツ	**181**	沖縄舟状海盆及び周辺海域の魚類Ⅰ（1984）
Haplophryne mollis	ユウレイオニアンコウ（新称）	**111**, 163	深海魚ワークショップ
Haplophryne mollis	ユウレイオニアンコウ（新称）のメスの子ども	**171**	深海魚ワークショップ
Heterophotus ophistoma	オオトカゲハダカ	**032**	深海魚ワークショップ
Hexatrygon bickelli	ムツエラエイ	**165**	沖縄舟状海盆及び周辺海域の魚類Ⅰ（1984）
Himantolophus groenlandicus	グリーンランドチョウチンアンコウ（新称）	**028**	深海魚ワークショップ
Himantolophus macroceratoides	ヒマントロフス マクロセラトイデス	**174**	
Himantolophus nigricornis	ヒマントロフス ニグリコルニス	**173**	
Himantolophus sagamius	チョウチンアンコウ	**028**	
Howella zina	トゲクシスミクイウオ	**061**	
Hydrolagus purpurescens	ムラサキギンザメ	**101**	東北海域・北海道オホーツク海域の魚類（1983）
Hygophum proximum	ツマリドングリハダカ	**142**	
Hygophum reinhardtii	ドングリハダカ	**142**	
Hymenocephalus longiceps	ワニダラ	**147**	
Hymenocephalus striatissimus	スジダラ	**147**	沖縄舟状海盆及び周辺海域の魚類Ⅰ（1984）
Hymenogadus gracilis	オニスジダラ	**159**	沖縄舟状海盆及び周辺海域の魚類Ⅰ（1984）
Hyperoglyphe japonica	メダイ	**199**	九州・パラオ海嶺ならびに土佐湾の魚類（1982）

【I】

Icosteus aenigmaticus	イレズミコンニャクアジ	**062**	
Idiacanthus antrostomus	ミツマタヤリウオ	039, 054, **150**, 152	
Idiacanthus antrostomus	ミツマタヤリウオの仔魚	**068**	深海魚ワークショップ
Ipnops murrayi	チョウチンハダカ	**064**	深海魚ワークショップ
Isistius brasiliensis	ダルマザメ	**052**	

【L】

Lampadena urophaos	ホタルビハダカ	**140**	深海魚ワークショップ
Lampanyctus alatus	トミハダカ	**142**	深海魚ワークショップ
Lampanyctus festivus	ニジハダカ	**141**	深海魚ワークショップ
Lampanyctus jordani	マメハダカ	**143**	
Lampanyctus nobilis	ホソトンガリハダカ	**142**	
Lampanyctus steinbecki	スタインハダカ	**141**	深海魚ワークショップ
Lamprogrammus shcherbachevi	ランプログラムス シュケルバッケリの仔魚	**055**	Fukui & Kuroda（2007）
Lamprogrammus shcherbachevi	ランプログラムス シュケルバッケリの成魚	**055**	Cohen & Rohr（1993）
Lasiognathus amphirhamphus	デバアクマアンコウ（新称）	**027**	Pietsch & Orr（2007）
Leptagonus leptorhynchus	テングトクビレ	**091**	
Leptostomias multifilis	ヤリホシエソ	**032**	深海魚ワークショップ
Leptostomias sp.	ヤリホシエソ属の一種	**073**	
Lestidiops sphyraenopsis	ヤセハダカエソ	**103**	東北海域・北海道オホーツク海域の魚類（1983）
Lestidium prolixum	ナメハダカ	**102**	沖縄舟状海盆及び周辺海域の魚類Ⅰ（1984）
Linophryne algibarbata	ニシオニアンコウ	**033**	

Linophryne coronata	ヒガシオニアンコウ	**167**	グリーンランド海域の水族（1995）
Linophryne densiramus	オニアンコウ	033, 110, **179**	深海魚ワークショップ
Linophryne indica	インドオニアンコウ	**168**, 179	
Linophryne lucifer	アクマオニアンコウ	**042**, 179	グリーンランド海域の水族（1995）
Linophryne sp.	オニアンコウ属の一種	**038**	深海魚ワークショップ
Liparis ochotensis	イサゴビクニン	**096**	
Lobianchia gemellarii	ハクトウハダカ	**140**	深海魚ワークショップ
Lophiomus setigerus	アンコウ	**200**	沖縄舟状海盆及び周辺海域の魚類I（1984）
Lophotus capellei	アカナマダ	**087**	
Lycodapus microchir	ヤワラゲンゲ	103, **155**	
Lycodes albonotata	ハナゲンゲ	**101**	東北海域・北海道オホーツク海域の魚類（1983）
Lycodes caudimaculatus	イレズミガジ	**099**	
Lycodes tanakae	タナカゲンゲ	**206**	

【M】

Macropinna microstoma	デメニギス	**065**, 071	藤井英一氏
Macroramphosus sagifue	サギフエ	**197**	沖縄舟状海盆及び周辺海域の魚類I（1984）
Macrostomias pacificus	ホソワニトカゲギス	**166**	
Macruronus novaezelandiae	ホキ	**202**	ニュージーランド海域の水族（1990）
Malacocephalus nipponensis	ニホンマンジュウダラ	038, **146**, 158	九州・パラオ海嶺ならびに土佐湾の魚類（1982）
Malacosteidae sp.	ホウキボシエソ科の一種の仔魚	**056**	Moser（1981）
Malacosteus niger	オオクチホシエソ	**045**, 058	
Margrethia obtusirostra	レンジュエソ	**081**	深海魚ワークショップ
Melanocetus johnsonii	ペリカンアンコウ	**027**	深海魚ワークショップ
Melanocetus murrayi	ペリカンアンコウモドキ	**042**, 108, 170	深海魚ワークショップ（P.42, P.170）
			遠藤広光氏（P.108）
Melanolagus bericoides	ネッタイソコイワシの仔魚	**068**	Ahlstrom et al（1984）（仔魚）
			グリーンランド海域の水族（1995）（成魚）
Melanonus zugmayeri	カワリヒレダラ	**100**	
Melanostigma atlanticum	クログチコンニャクハダカゲンゲ	043, **103**	グリーンランド海域の水族（1995）
Melanostigma orientale	コンニャクハダカゲンゲ	**155**	藍澤正宏氏
Melanostomias macrophotus	カリブカンテントカゲギス	**058**	スリナム・ギアナ沖の魚類（1983）
Melanostomias melanops	シロヒゲホシエソ	032, **057**	
Melanostomias pollicifer	ナミダホシエソ	033, **059**	山本みつ美ほか（2011）
Melanostomias tentaculatus	クロヒゲホシエソ	**031**	深海魚ワークショップ
Merluccius australis	ニュージーランドヘイク（メルルーサ）	**202**	ニュージーランド海域の水族（1990）
Mitsukurina owstoni	ミツクリザメ	**052**	スリナム・ギアナ沖の魚類（1983）
Monognathus smithi	スミスタンガクウナギ（新称）	**048**	深海魚ワークショップ
Monomitopus kumae	クマイタチウオ	**160**	沖縄舟状海盆及び周辺海域の魚類I（1984）
Myctophum asperum	アラハダカ	**144**	
Myctophum aurolaternatum	ヒカリハダカの仔魚	**069**	Moser & Ahlstrom（1974）
Myctophum nitidulum	ススキハダカ	**144**	
Myctophum obtusirostre	ヒサハダカ	**144**	
Myctophum orientale	ウスハダカ	**144**	
Myctophum selenops	ヒシハダカ	143, **151**	
Myctophum spinosum	イバラハダカ	**144**	

【N】

Nannobrachium nigrum	トンガリハダカ	**141**	
Nannobrachium regale	ミカドハダカ	**140**	
Nannobrachium sp.	ヒレナシトンガリハダカ	**141**	
Nansenia ardesiaca	ギンザケイワシ	043, **061**	篠原現人氏
Nemichthys scolopaceus	シギウナギ	**049**, 152	深海魚ワークショップ（P.49）
Neoceratias spinifer	キバアンコウ	**110**	深海魚ワークショップ
Neoscopelus porosus	シチゴイワシ	**079**	篠原現人氏
Notoscopelus caudispinosus	オオセビレハダカ	**140**	
Notoscopelus resplendens	イサリビハダカ	**140**	深海魚ワークショップ

【O】

Oneirodes eschrichtii	ヒメラクダアンコウ	111, **167**	
Oneirodes thompsoni	トゲラクダアンコウ	**025**	深海魚ワークショップ
Opostomias mitsuii	ミツイホシエソ	**029**	東北海域・北海道オホーツク海域の魚類（1983）

[P]

Pachystomias microdon	クレナイホシエソ	**059**	深海魚ワークショップ
Parabrotula plagiophthalma	ニセイタチウオ	**155**	木村清志氏
Paracaristius maderensis	パラカリスティウス マデレンシス	**097**	
Paraliparis copei	ハナグロインキウオ	**043**	グリーンランド海域の水族（1995）
Photonectes albipennis	ホテイエソ	**166**	
Photostomias liemi	ホウキボシエソ	**045**, 058	深海魚ワークショップ
Phyllorhinichthys micractis	ハナビララクダアンコウ	**026**	深海魚ワークショップ
Physiculus japonicus	チゴダラ	**205**	九州・パラオ海嶺ならびに土佐湾の魚類（1982）
Physiculus rhodopinnis	アカチゴダラ	**092**	九州・パラオ海嶺ならびに土佐湾の魚類（1982）
Pollichthys mauli	ヨウジエソ	**082**	深海魚ワークショップ
Polyipnus matsubarai	ホシホウネンエソ	**080**, 118	深海魚ワークショップ
Polyipnus stereope	カタホウネンエソ	**080**, 118	藍澤正宏氏
Poromitra cristiceps	カブトウオ	**094**	
Pseudobathylagus milleri	クロソコイワシ	**095**	
Pseudopentaceros wheeleri	クサカリツボダイ	**204**	藍澤正宏氏
Pseudoscopelus sagamianus	クロボウズギス	**053**	深海魚ワークショップ（食事後）
Pterothrissus gissu	ギス	**206**	
Puzanovia rubra	アカゲンゲ	**093**	

[R]

Regalecus russelii	リュウグウノツカイ	**074**	
Reinhardtius hippoglossoides	カラスガレイ	**199**	
Rhinoliparis barbulifer	シロヒゲコンニャクウオ	**061**	今村央氏
Rhynchohyalus natalensis	ヨツメニギス	**065**	深海魚ワークショップ

[S]

Saccogaster tuberculata	サラサイタチウオ	**160**	九州・パラオ海嶺ならびに土佐湾の魚類（1982）
Saccopharynx ampullaceus	フウセンウナギ	**034**, 047, 054	グリーンランド海域の水族（1995）
Sagamichthys abei	ハナメイワシ	**097**	
Scalicus amiscus	ヒゲキホウボウ	**090**, 178, 181	沖縄舟状海盆及び周辺海域の魚類Ⅱ（1985）
Scalicus engyceros	ソコキホウボウ	090, **181**	沖縄舟状海盆及び周辺海域の魚類Ⅱ（1985）
Scombrops boops	ムツ	**199**	九州・パラオ海嶺ならびに土佐湾の魚類（1982）
Scopelarchus michaelsarsi	ミカエルデメエソ	**071**	深海魚ワークショップ
Scopelogadus mizolepis mizolepis	ヨロイギンメ	**095**	深海魚ワークショップ
Sebastes iracundus	オオサガ（メヌケの仲間）	**198**, 201	
Sebastes mentella	オキアカウオ	**203**	グリーンランド海域の水族（1995）
Sebastolobus macrochir	キチジ	198, **200**	
Serrivomer lanceolatoides	ノコバウナギ	**049**	
Sigmops elongatus	オオヨコエソ	**079**, 153	
Sigmops gracilis	ヨコエソ	**153**	藍澤正宏氏
Simenchelys parasitica	コンゴウアナゴ	**043**	
Squalogadus modificatus	バケダラ	**163**	藍澤正宏氏
Squaloliparis dentatus	オオバンコンニャクウオ	**062**, 177	
Squalus mitsukurii	フトツノザメ	**197**	九州・パラオ海嶺ならびに土佐湾の魚類（1982）
Stenobrachius leucopsarus	コヒレハダカ	079, **141**	
Stenobrachius nannochir	セッキハダカ	**141**	藍澤正宏氏
Sternoptyx diaphana	ムネエソ	**035**, 117	
Stomias affinis	ワニトカゲギス	**039**	篠原現人氏
Stomias nebulosus	ヨロイホシエソ	**083**	
Stylephorus chordatus	スタイルフォルス コルダタス	**043**, 066	
Symbolophorus californiensis	ナガハダカ	**143**	
Symbolophorus evermanni	マガリハダカ	**143**	

[T]

Taaningichthys minimus	クロハダカ	096, **138**	深海魚ワークショップ
Taaningichthys paurolychnus	チヒロクロハダカ	**138**	
Talismania antillarum	ノコバイワシ	**096**	
Tarletonbeania taylori	ホクヨウハダカ	139, **150**	
Tetragonurus cuvieri	ドクウロコイボダイ	**099**	
Thaumatichthys axeli	ビックリアンコウ（新称）	035, **045**	Bertelsen & Struhsaker (1977)
Theragra chalcogramma	スケトウダラ	**203**	東北海域・北海道オホーツク海域の魚類（1983）

Thyrsitoides marleyi	ナガタチカマス	**196**	九州・パラオ海嶺ならびに土佐湾の魚類（1982）
Torpedo tokionis	ヤマトシビレエイ	**089**	東北海域・北海道オホーツク海域の魚類（1983）
Trachipterus trachypterus	テンガイハタの子ども	**164**	

【V】

Valenciennellus tripunctulatus	ホシエソ	**080**	深海魚ワークショップ
Ventrifossa garmani	サガミソコダラ	**146**	沖縄舟状海盆及び周辺海域の魚類I（1984）
Ventrifossa longibarbata	オキナヒゲ	**147**	
Vinciguerria nimbaria	ヤベウキエソ	**082**	深海魚ワークショップ
Vitiaziella sp.	ソコクジラウオ属の一種	**062**, **187**	深海魚ワークショップ

【W】

Winteria telescopa	クロデメニギス	**065**	深海魚ワークショップ

【Z】

Zenion japonicum	ソコマトウダイ	**060**	九州・パラオ海嶺ならびに土佐湾の魚類（1982）

著者略歴

尼岡 邦夫（あまおか くにお）

1936年生まれ。京都大学大学院農学研究科水産学専攻博士課程修了。農学博士。北海道大学名誉教授。日本魚類学会名誉会員。アメリカ魚類・爬虫類学会外国名誉会員。専門は魚類学、魚類分類学。

主な著書

『北海道の全魚類図鑑』（共著、北海道新聞社、2011年）
『深海魚─暗黒街のモンスターたち─』（ブックマン社、2009年）
『魚のエピソード　魚類の多様性生物学』（編著、東海大学出版会、2001年）
『漁業目的のためのFAO種査定の指針、中・西部太平洋海域の現存海洋資源、
　ヒラメ科、ダルマガレイ科』（共著、FAO、2001年）
『日本の海水魚』（編著、山と渓谷社、1997年）
『グリーンランド海域の水族』（編著、海洋水産資源開発センター、1995年）
『ニュージーランド海域の水族』（編著、海洋水産資源開発センター、1990年）
『日本産魚類大図鑑』（編著、東海大学出版会、1984年）
『魚類の個体発生と系統分離学』（共著、アメリカ魚類・爬虫類学会、1984年）
『東北海域・北海道オホーツク海域の魚類』（編著、日本水産資源保護協会、1983年）
『九州─パラオ海嶺ならびに土佐湾の魚類』（編著、日本水産資源保護協会、1982年）

ブックマン社　いきものの本

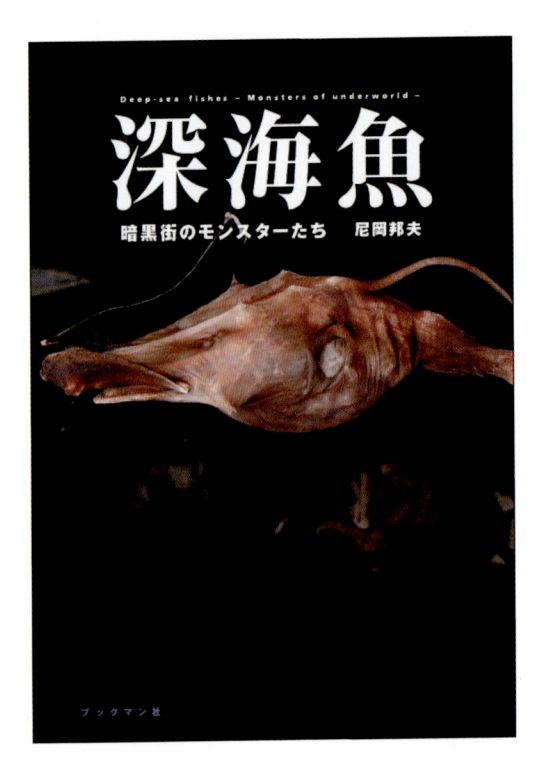

深海魚—暗黒街のモンスターたち—
尼岡邦夫　著

3,619円（税別）　B5判
ISBN978-4-89308-708-9

深海という特異な環境で独特の進化をとげた魚たちを、科目ごとではなく特徴的なパーツごとに分類した、はじめての本格的な深海魚解説書。エサを見つけたり護身や繁殖などに使われる発光、発音、発電の謎や、大きかったり小さかったり長かったりといった様々な特徴をもつ目や口などの各器官、寄生や性転換といった暗黒世界ならではのかしこい繁殖方法などを、300点を超える貴重な写真とともに紹介。

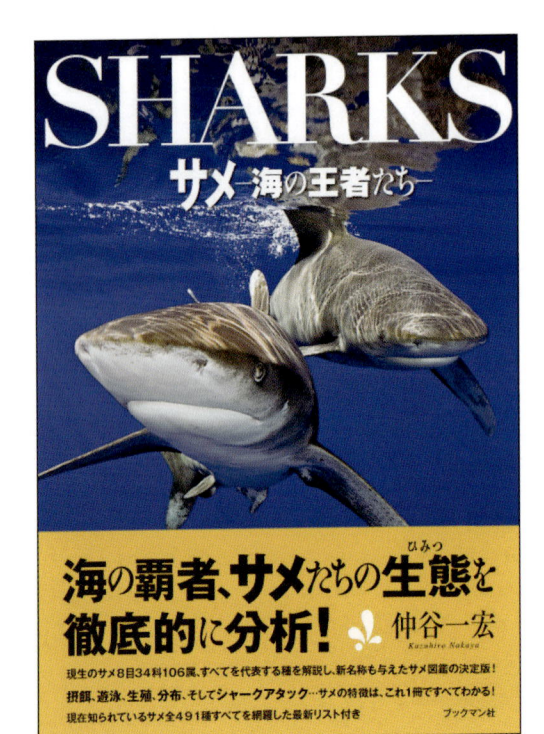

サメ—海の王者たち—
仲谷一宏　著

3,619円（税別）　B5判
ISBN978-4-89308-753-9

どうしてサメの口は前ではなく下にあるの？　サメが一生で使う歯の数は62,400本!?　サメは泳いでいないと死んでしまうの？　サメにはおちんちんが2つあるって本当!?　サメ研究の第一人者である著者が、40数年にわたり研究、蓄積してきた膨大な知識とデータを集約し、現在確認されている8目34科106属すべてのグループの代表的な種を解説した、サメ図鑑の決定版。サメに関するすべてがこの1冊に！

ならべてくらべる
動物進化図鑑
川崎悟司　著

1,800円（税別）　A4判変形
ISBN978-4-89308-785-0
動物たちの昔から現在までの姿をイラストでならべ、直接くらべながら進化の流れを楽しく学ぶ図鑑。キリンやゾウなどの人気動物から、爬虫類、両生類、鳥、魚、虫まで、約30種の進化の歴史を一気に紐解く。

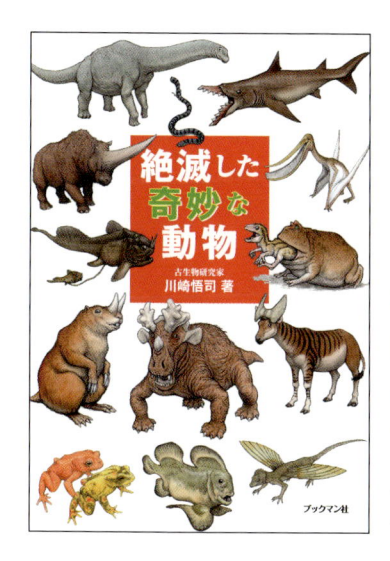

絶滅した奇妙な動物
川崎悟司　著

1,500円（税別）　A5判
ISBN978-4-89308-729-4
人気サイト「古世界の住人」を書籍化。恐竜をエサにしたカエル、へその緒を持った魚など、かつて地球に生息した奇妙な動物たちをオールカラーで復元。続刊『絶滅した奇妙な動物2』も発売中。

このお魚はここでウォッチ!
さかなクンの水族館ガイド
さかなクン　著

1,429円（税別）　A5判
ISBN978-4-89308-779-9
お魚をこよなく愛するさかなクンが、お魚を中心とした水中生物の生態を紹介し、どこの水族館で観察できるかを案内した、初の魚引き水族館ガイド。186種のお魚に出会える全国97の水族館を紹介。

深海魚ってどんな魚
―驚きの形態から生態、利用―

2013年05月17日　初版第1刷発行

著　者　　尼岡邦夫

ブックデザイン　秋吉あきら(アキヨシアキラデザイン)
イラスト　　　　角愼作
編　集　　藤本淳子　山口美生
協　力　　板垣光弘
　　　　　メディアアート
ＤＴＰ　　株式会社明昌堂

発行者　　木谷仁哉
発行所　　株式会社　ブックマン社
　　　　　〒101-0065
　　　　　東京都千代田区西神田3-3-5
　　　　　TEL 03-3237-7777
　　　　　FAX 03-5226-9599
　　　　　http://www.bookman.co.jp/

印刷・製本　凸版印刷株式会社

PRINTED IN JAPAN
乱丁・落丁本はお取替えいたします。
本書の一部あるいは全部を無断で複写複製及び転載することは、
法律で認められた場合を除き、著作権の侵害となります。
定価はカバーに表示してあります。

What are deep-sea fishes?
-Amazing form, incredible life, and utilization-
Kunio AMAOKA
2013 Published by BOOKMAN-SHA Co.Ltd.
3-3-5 Nishikanda,Chiyoda-ku,Tokyo,Japan

©BOOKMAN-sha 2013
ISBN978-4-89308-800-0